城市绿地生态服务功能提升的关键技术研究

任 引 左舒翟 李 峥 著

U0197468

科学出版社

北 京

内 容 简 介

城市绿地作为连接人类和自然生态系统的纽带,其生态服务功能在城市系统中具有重要地位。本书以厦门市城市绿地为研究对象,运用传统生态学、景观生态学和环境经济管理学的分析方法,针对城市森林和行道树所承载的主要生态服务功能及价值进行分析研究,分析了影响城市森林固碳功能的因素、冷岛效应和景观连通性的变化格局及影响因子,探讨比较了城市行道树净化空气效益,并最终计算了城市绿地生态服务价值变化及其与经济因子之间的相关关系。

本书可供生态学专业学生、城市森林生态学研究者和爱好者、城市森林管理者参考。

审图号:闽 S〔2018〕95 号

图书在版编目 (CIP) 数据

城市绿地生态服务功能提升的关键技术研究/任引,左舒翟,李峥著. —北京:科学出版社,2019.1
ISBN 978-7-03-059944-5

Ⅰ. ①城… Ⅱ. ①任… ②左… ③李… Ⅲ. ①城市绿地–生态系统–服务功能–研究 Ⅳ. ①S731.2

中国版本图书馆 CIP 数据核字(2018)第 268200 号

责任编辑:李 迪 田明霞 / 责任校对:郑金红
责任印制:赵 博 / 封面设计:刘新新

科 学 出 版 社 出版
北京东黄城根北街 16 号
邮政编码:100717
http://www.sciencep.com

北京凌奇印刷有限责任公司印刷
科学出版社发行 各地新华书店经销
*
2019 年 1 月第 一 版 开本:720×1000 1/16
2019 年 9 月第二次印刷 印张:7
字数:140 000
定价:98.00 元
(如有印装质量问题,我社负责调换)

前　　言

　　城市绿地即城市范围内的各种绿地，通常包括狭义上与广义上的定义。狭义上的城市绿地是指城市中所有的园林植物种植地块和园林种植占大部分的用地，广义上包括园林绿地和农林生产绿地。由于狭义的绿地所起到的生态服务功能有限，因此，本书主要采用广义上的概念。截至 2015 年，我国森林覆盖率为 21.6%，远低于世界（31%）平均水平，但我国的城镇化率却为 56.1%，已达到世界平均水平，资源和人口发展的不平衡成为我国城镇化未来发展的主要问题之一。面对城市生态系统人口高度密集、土地资源日趋紧张的发展态势，为了发展经济和改善人类福利，城市用地正在从透水地面（如林地）向不透水地面（如建设用地）转换，使城市绿地面积不断下降，空气污染、热岛效应问题出现，对居民生活健康和能源消耗造成了负面影响和经济负担。城市绿地作为生物圈中衔接自然和人工生态系统的生物体，不仅扮演着碳平衡及潜在的碳储存者的角色，而且是城市景观的其他自然要素和可持续发展的生态基础。它通过植物叶片的光合作用固定大气中的 CO_2 合成有机质，成为碳汇，也通过影响大气、水、热循环，阻挡太阳辐射和蒸散热量来调节城市气候，降低其周围环境温度，同时还有净化空气、提供栖息地等功能。城市绿地生态服务功能的研究综合城市科学和森林生态科学、面向城市区域，其核心是生态系统管理，强调人类活动与自然景观之间的相互作用反馈关系。

　　本书主要选择代表城市绿地生态服务功能的三个主要方面（固碳、滞尘和降温功能）进行研究，并结合景观生态学所关注的斑块之间连通性的格局变化分析，应用空间统计学分析方法，揭示城市绿地生态服务功能的影响因子及其之间的交互作用。最后，计算城市绿地固碳制氧、吸收 SO_2 和滞尘、涵养水源等共 9 种生态系统服务价值及其变化趋势。在我国农林用地总数不断下降的趋势下，单纯依靠扩大城市绿地面积来提升其生态服务功能实际并不可行，在城市土地资源稀缺的情况下，为了调整绿地斑块布局和结构以改善城市整体环境功能水平，需要探明绿地生态服务功能的变化机制。本书的结果为城市绿地生态系统管理者提供思路和方法，为生态学家进行更加深入系统的研究提供思路，帮助城市规划者聚焦提升城市绿地生态系统服务功能的主要矛盾因子，开展更加合理的管理规划。

　　本书获得了国家"十三五"重点研发计划项目"长三角城市群生态安全保障关

键技术研究与集成示范"（2016YFC0502704），国家自然科学基金项目（31670645、31470578、41771462、31200363）的资助，以及国家社会科学基金重大项目（17ZDA058），福建省科技计划项目（2016T3032、2016T3037、2016Y0083、2018T3018、2015Y0083）的支持。

著　者

2018 年 4 月

目　　录

第1章 城市森林固碳功能研究

1.1 概 述

近两个多世纪以来，人类活动已经强烈、深刻地影响到了地球生态系统，人类自身的社会和经济行为正在干扰或改变着各种自然过程，最典型、最具代表性、最突出的例子就是大气中 CO_2 等温室气体浓度的持续增加而导致全球气候变化的问题，正威胁着全球生态、环境和人类自身的生存与发展。近年来，以气候变暖为标志的全球气候变化不仅是举世瞩目的重大科学问题，而且已成为国际社会普遍关注的政治、经济问题，它给当前人类社会所带来的深远影响是空前的。

森林是陆地生态系统的主体，它不仅在维护区域生态环境上起着重要作用，而且是大气 CO_2 的重要调节者之一。森林通过植物叶片的光合作用固定大气中的 CO_2 合成有机质，成为大气 CO_2 的库。然而森林的一些其他活动也释放 CO_2，例如，植物的呼吸作用，土壤动物和微生物分解归还土壤的枯枝落叶，土壤的碳酸盐由于植物根系分泌的有机酸分解。而且森林采伐后被人类利用的木材和林产品最终分解等都向大气释放 CO_2，形成 CO_2 的源。正是因为森林植物在全球碳平衡及潜在的碳储存方面扮演着非常重要的角色使其成为与全球气候变化密切相关的重要有机体。森林本身维持着大量的碳库（占全球植被碳库的86%以上），还维持着巨大的土壤碳库（约占全球土壤碳库的73%），与其他陆地生态系统相比，森林生态系统具有较高的生产力，每年固定的碳约占整个陆地生态系统的2/3，因此，森林生态系统在调节全球碳平衡、减缓大气中 CO_2 等温室气体浓度上升速度及维护全球气候等方面具有不可替代的作用。

在现代工业革命之前，全球碳循环基本处于平衡状态。随着社会的发展，人类对地球环境的影响进入了全球时代。人类活动已经给地球生态系统带来了显著的影响，人类通过自身的社会、经济行为正在扰动或改变着各种自然过程，最突出的例子是受人类活动影响的大气 CO_2 等温室气体浓度持续增加而导致全球气候变暖，以及由此引发的一系列重大而紧迫的全球环境问题，如森林锐减、生物灭绝、土地退化、环境污染、生物多样性丧失等。可见，碳循环与全球环境变化之间存在着极为敏感的反馈机制。解释目前全球环境变化是科学家的最大挑战。全球环境变化研究给人们的启示是"人是自然的一员",强调人类的经济活动必须遵循生态学原理,在"人-自然"系统整体利益的前提下考虑社会自身的发展,以达到自然和人类的协调发展,即共同的可持续发展。在全球环境问题中,全球气候变化及其对全球生态系统和人类生存环境的影响,不仅是举世瞩目的重大科学问题,而且已经成为国际社会普遍关注的政治、经济问题,它对当前人类社会所带来的影响之广之深是前所未有的。在全球碳循环中,受人类活动影响最大的是陆地生态系统的碳储量及碳吸收和排放行为。人类活动对大气 CO_2 等温室气体浓度的影响一般认为主要来自两个方面:一方面是大量的化石燃料燃烧及大规模的水泥生产所引起的排放;另一方面是土地利用与土地利用变化、毁林开荒、森林采伐等人为活动而导致的排放。在全球环境变化研究中最关键或最困难的问题是如何区分自然因素和人类活动的作用,以及二者是如何相互作用的。只有对二者的作用有了比较清晰的了解,才能掌握和控制人类生存环境发展、演变的方向。

城市是人类活动最集中、最活跃的区域,联合国预测至 2025 年全球 2/3 的人口将居住在城市区域。城市碳源和碳汇的研究,对减少有效温室气体排放,特别是 CO_2 排放,减小人类活动对全球气候变化的负面影响具有重要意义。城市的碳源和碳汇分析涉及一个复杂的系统,即各种自然系统和社会经济系统的复合系统。目前对城市碳源和碳汇的研究并不是很多,但是城市是碳"源"产生的集中地,又拥有复杂的下垫面,虽然在自然状态下, CO_2 在陆地生物圈和大气生物圈之间的循环保持着平衡状态。但是,城市是人类聚集最为集中的系统,拥有成为"汇"的可能,对城市开展碳源和碳汇平衡的研究,具有重大的现实意义。

碳储量是生态系统碳循环和碳平衡研究的基础,景观格局分析是研究生态系统结构与功能的重要组成部分。由于人类的长期活动,景观无时无刻不在发生着变化。景观变化不仅极大地改变了人类生存的自然环境,而且深刻影响着人类社会和经济的发展。这种人类活动影响下的变化主要表现为土地利用/土地覆被变化(LUCC)。通过分析过去土地利用对景观变化的影响来预测景观未来的发展趋势是当前景观生态学研究的热点。

1.2 城市森林植被碳储量沿城市化梯度的时空变化特征研究

城市化可以改变城市生态系统的结构功能和过程,进而影响城市生态环境质量。快速的城市扩张和人口增长导致了土地利用/土地覆被变化模式的转变,几乎所有大城市存在的地区,城市化发展水平的空间分异都会形成由城市中心区、近郊(城乡过渡带地区)和远郊组成的三元地域结构,并构成显著的城市化梯度。自 20 世纪 80 年代以来,中国城市化进程明显加快,以人类历史上前所未有的速度实现了农村人口向城市的大规模聚集。中国的城市化率由 1978 年的 17.4%增加到 2010 年的 50.0%,预计 2020 年中国城市化率将达到 58.7%。随着城市化的快速发展,中国主要城市的生态环境问题成为科学界关注的热点问题。

植被的碳储量和碳密度是城市森林碳汇功能最重要的组成部分。碳储量是评估森林固碳能力和碳收支的重要指标;碳密度不仅代表了较大面积的林分质量,而且反映了森林受干扰的程度。城市森林的建设、经营管理和可持续发展不仅有助于城市生态环境质量的提高,而且可以通过森林碳汇部分吸收抵消化石燃料消耗所排放的 CO_2。因此,城市森林的可持续发展对于促进城市生态系统平衡和改善城市生态环境具有极其重要的意义,然而关于城市化与碳储量相互作用关系的研究很少。

尽管城市化所带来的生态环境问题已受到普遍关注,但目前的研究主要集中在土地利用变化和生物地球化学过程上,城市生态系统碳动态的研究主要局限于碳通量的过程与机制,直接测定城市化对碳动态影响的研究非常少,量化不同城市化水平的时空影响模式的研究更少。系统地评估城市发展模式需要量化城市化对森林碳储量影响的长期效应,因为不同国家由于经济发展程度和文化传统的差异导致城市化进程各不相同,城市森林建设不可能简单地照搬其他国家城市的发展模式。

大量研究表明,城市化的快速发展对城市森林碳汇功能具有正面和负面双重影响。一方面,土地利用/覆被变化给城市森林带来了永久性破坏,导致森林景观破碎化程度增加、森林面积不断减少和森林资源退化;另一方面,随着农村人口向城市的大规模聚集及农业活动集约经营程度的不断提高,林分质量及森林覆盖率呈现出较大幅度的增加。因此,研究城市生态系统中土地利用/覆被变化对城市森林碳储量和碳密度的影响,需要在特定的尺度下进行持续观测和长期研究,以便理解生态环境质量下降的原因;同时,通过评估城市森林生态系统的长期变化趋势及其特点,揭示影响城市森林结构变化的主要因子,进而预测未来城市发展情景下城市森林生态服务功能的变化情况。

准确评估城市植被的碳动态需要采用适当的方法。过去关于森林碳汇的长期生态学研究主要依靠遥感影像、森林资源清查资料和模型估算森林碳储量。然而遥感影像虽然可以提供土地利用程度、植被覆被类型等信息，但无法提供林冠下层的详细信息，而且难以准确估算林龄。生态过程模型是一种可选择的方法，但建立模型的主观性强，而且模型的参数定义存在问题。森林资源清查资料通过详细记录每个森林小班的属性数据，克服了其他类别森林资源调查只测量研究区部分森林样地的缺点，同时可用于拟合主要树种的生长曲线。每 10 年进行一次森林资源规划设计调查（PMFI）的小班清单属性数据提供了树种组成、林龄、种植密度、小班蓄积量和优势树种的生物量回归方程等重要信息，可以通过生物量和碳含量来估算碳储量。重要的是，不同的树种和林龄有着不同的碳吸收率，其作为森林碳储量空间分布模式最重要的细节，反映了人类活动对城市生态系统植被恢复的干扰历史，如果不考虑林龄和树种变化对碳储量的影响，将无法准确了解气候变化下城市生态系统碳储量的时空变化。

本研究以中国城市化进程中具有典型特征的代表城市厦门市为研究对象，通过机械布点的方法设立固定样地，采用森林资源规划设计调查与地理信息系统（GIS）相结合的研究方法，对比分析城市化梯度上不同区域碳储量和碳密度的时空分布。研究目的是揭示城市化的发展模式在不同城市化梯度上对森林碳储量和碳密度的影响。

厦门市位于北纬 24°23′～24°54′、东经 117°52′～118°26′，地处我国东南沿海福建省东南部、九龙江入海处，台湾海峡西岸中部。厦门全市面积约 1699.39 km²，已形成以近郊森林、远郊森林、城市公园、植物园、绿化带等为支脉的城市森林体系。研究区拥有约 8690×10⁴ 株树木，平均种植密度为 526.6 株/hm²，森林覆盖率为 45.60%。地属南亚热带海洋性季风气候，年平均气温 20.9℃，相对湿度 76%，年平均降水量 1143.5 mm，主要集中在 4～8 月。地形地貌以丘陵、台地为主，地势由西北向东南倾斜。森林土壤主要为砖红壤和红壤。主要树种类型有马尾松（*Pinus massoniana* Lamb.）、湿地松（*Pinus elliottii* Engelm.）、杉木［*Cunninghamia lanceolata*（Lamb.）Hook.］、木麻黄（*Casuarina equisetifolia* Linn.）、台湾相思（*Acacia confusa* Merr.）、桉树（*Eucalyptus robusta* Smith）等。城市森林类型包括近郊森林、远郊森林、城市公园、植物园和绿带。

沿城市化梯度划分为城市中心（包括思明和湖里行政区，人口密度大于 51 人/hm²）、近郊（包括海沧和集美行政区，人口密度大于 8 人/hm²）、远郊 3 个区域（包括同安和翔安行政区，人口密度大于 8 人/hm²），分别在城市中心区域、近郊区域和远郊区域设立固定样地作为城市化梯度生态研究界面。

1.2.1　研究方法

1. 数据来源

利用森林资源规划设计调查数据,结合样地调查和 GIS 技术,分析研究区 1972～2006 年城市化进程中不同城市化梯度下的碳储量和景观结构变化间的关系。使用的厦门城市森林相关数据来自于 1972 年、1988 年、1996 年和 2006 年共 4 期的厦门市森林资源规划设计调查的小班清单属性数据,包括 4 期的森林资源分布图、研究区历年的森林经营档案、研究区森林调查小班档案(蓄积量、小班面积、树种组成、龄组)、研究区 1∶10 000 地形图。数据的准确性通过系统抽样和分层抽样相结合的方法测定不同蓄积量增长的差异情况,总体蓄积量抽样精度达 90%、可靠性达 95%。目前,为了评估中国人工造林项目的生物量和净初级生产力(NPP),森林资源规划设计调查的小班清单属性数据和生物量回归方程已应用于天然林和人工林的调查。

2. 数据处理

1)生物量计算:本研究集中于城市森林地上部分生物量。森林资源规划设计调查资料详细记录了研究区内每个森林小班活立木(胸径＞5 cm,树高＞1.3 m)的蓄积量,森林生物量估计采用转换因子连续函数法,通过不同树种蓄积量与生物量的数量关系确定回归方程的参数。

2)林分碳储量和碳密度估算:为了构建厦门市的碳储量和碳密度数据库,采用生物量的 50%计算碳储量,这种转换被认为是有效的,因为在不同树种和树的不同组成部分生物量中碳含量的变化很小。植被面积来源于森林资源分布图和小班属性数据记录。根据小班生物量的数据,结合小班面积计算每公顷碳储量。

3)龄组确定:林分和疏林地样地内的优势树种均需记录龄组和代码,龄组根据林种、树种、培育目标和年龄确定(参照样地所在小班的林种),分为幼龄林、中龄林、近熟林、成熟林和过熟林 5 个龄组。

4)属性库的建立:本研究属性数据使用 Access 存储与管理。每个矢量化小班要素建立一栏相应的属性数据。属性数据包括:市、县、乡(镇、公社)、林班号、小班号、小班面积、小班周长、地类、地权、林权、立地类型、林种、起源、优势树种、树种组成、龄级、龄组、每公顷蓄积、小班总蓄积、小班生物量、小班碳储量、小班碳密度等 20 多项。同时，为了建库方便，在数据库中添加了"关键字段"或者"ID"。在 ArcMap 中，将属性数据库与图形数据连接起来，实现了小班图形与属性信息的相互查询功能。属性数据库的建立为各属性数据的统计和生物量、碳储量、碳密度等的计算提供了便利。

5）专题图的制作：在 GIS 软件 ArcMap 中，对 4 期林相图和地形图按林场边界、林班、小班、道路、水系和等高线要素的属性类别进行符号化，制作不同时期的生物量、碳储量、碳密度分布图。

6）GIS 的空间分析：以林分碳密度空间分布图作为基本图层，在这些基本图层之间进行空间运算，得到空间分析的结果。空间分析方法主要包括查询统计和空间叠置分析。

7）统计分析：本研究中所有的统计计算均在 Excel 软件和 SPSS 17.0 中进行。在 ArcGIS 支持下，将数据导出为 DBF 格式或者文本格式，然后在 Excel 中进行统计分析，在 SPSS 17.0 中分别进行自相关分析、双尾检验和独立样本 t 检验。

1.2.2 案例研究

1. 城市森林碳储量的时间动态分析

基于 1972 年、1988 年、1996 年和 2006 年的森林资源规划设计调查的小班清单属性数据，对 4 个时期厦门城市森林总面积、覆盖率、碳储量和林班数量进行了统计分析。1972 年城市森林总碳储量为 273 938.36 t，2006 年城市森林总碳储量为 1 139 528.07 t，碳储量在 34 年间增加了 865 589.71 t。1972～2006 年，城市森林总面积、覆盖率、碳储量和林班数量的动态变化呈现出前期（1972～1996 年）增加、后期（1996～2006 年）减少、总体上升的趋势。1988 年城市森林碳密度明显高于 1972 年（$P<0.05$）。

2. 不同林龄植被的碳储量

厦门城市森林近 70% 的树木是小树［胸径（DBH）<30 cm］，79.18% 的树木半径小于 15 cm，将 4 期城市森林碳密度数据进行统计，得出平均碳密度为 12.08 Mg C/hm²，呈逐年增加的趋势，但增加的幅度呈递减的趋势（图 1-1）。1972～1988 年与 1996～2006 年两个时段，碳密度年均增加 0.45 t/（hm²·a）和

0.64 t/（hm²·a），然而 1996～2006 年这一时段碳密度的变化幅度很小。这说明不同林龄的植被碳密度在城市化进程的早期发生明显变化，而在城市化进程的后期相对平稳。1972 年，中龄林、幼龄林是城市森林碳储量最主要的组成部分，然而到了1988年，中龄林、幼龄林碳储量占总储量的比重下降了65.48%。1988～1996 年与 1996～2006 年两个时段，中龄林、幼龄林碳储量变化较小，分别占总储量的 39.29% 和 33.32%。这说明随着城市化的进程，更多的碳将储存于成熟林。

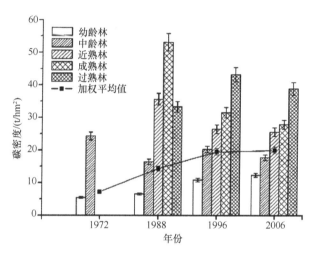

图 1-1　不同龄组碳密度的动态变化（1972～2006 年）

3. 主要优势树种的碳密度动态

优势树种主要为台湾相思、木麻黄、马尾松、桉树和杉木。其中数量最多的树种占总数量的 44.40%（SE=9.58%），碳储量占总碳储量的 55.21%（SE=13.14%）。对城市森林 5 种常见优势树种各个时期各个龄组林分碳密度进行比较（图 1-2），结果表明，1988 年后桉树和台湾相思阔叶林的碳密度要明显高于马尾松和杉木针叶林。虽然针叶林、针阔混交林和阔叶林面积比例从 1972 年的 8.68∶2.14∶1 转变为 2006 年的 4.15∶3.23∶1，但是碳储量比例则呈现出上升的趋势 [（1.97∶1.87∶1）～（2.37∶2.98∶1）]。进一步对城市森林空间分布变化的研究发现，由于 1988～1996 年的林相改造，部分阔叶林转变为针阔混交林，由此我们推断城市化进程中人类活动对阔叶树的影响要大于针叶林。

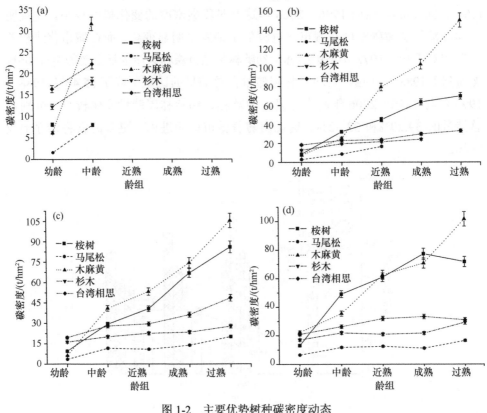

图 1-2　主要优势树种碳密度动态

（a）1972 年；（b）1988 年；（c）1996 年；（d）2006 年

4. 植被碳储量的空间分布

1）城市中心区域林班面积和碳储量明显小于近郊和远郊区域，但是城市中心区域森林各个时期的平均碳密度（19.21 Mg C/hm²）却高于近郊（12.92 Mg C/hm²）和远郊（11.23 Mg C/hm²）。森林碳密度呈现出前期（1972~1988 年）上升、中期（1988~1996 年）下降、后期（1996~2006 年）略有上升、总体上升的趋势；与其他时段相比，1996~2006 年年均森林碳密度变化幅度最小（0.05 Mg C/hm²）。这说明城市中心区域的城市化水平达到相对成熟的阶段，森林碳收支处于相对稳定的发展状态，土地利用对碳密度的影响主要表现为内涵性的变化。

2）1996~2006 年为快速城市化阶段，人类活动主要是在近郊区域通过改变森林景观格局的方式减少了城市森林的碳储量。

3）1972～2006 年，远郊斑块平均面积呈现出逐年减小的趋势，但是林班数量、碳储量和碳密度却呈现出逐年增加的趋势，森林面积也呈现出前期（1972～1996 年）上升、后期（1996～2006 年）下降、总体上升的趋势。另外，远郊城市森林碳密度和变化幅度明显小于城市中心和近郊区域，由此可见，均质性较强、自然性为主的景观斑块所组成的远郊城市森林碳储量和碳密度主要由森林组成结构和景观异质性决定。

1.2.3　讨论

本研究的特色和创新之处在于采用样地尺度的实测数据融合森林资源清查数据在区域尺度上实现了城市化进程中不同城市化梯度下区域碳储量的对比分析。

快速城市化所导致的林地破碎化强烈影响着森林碳储量，在森林面积总体增加的趋势下，碳储量大小与林班数量成正比例关系。厦门城市森林 4 个时期的平均碳密度仅为 12.08 Mg C/hm^2，这种现象主要是年龄结构和种植密度导致的。城市中心区域森林碳储量最低，但各个时期的平均碳密度（19.21 Mg C/hm^2）却高于近郊（12.92 Mg C/hm^2）和远郊（11.23 Mg C/hm^2），土地利用对碳密度的影响主要表现为内涵性的变化。城市中心区域森林碳储量最低，主要是由于林地被大量建设用地取代，城市树叶和碎屑被人为去除等；碳密度较高，主要与树种组成、年龄结构、城市化水平较高和人口增长有关。城市中心区域 86.83%的树种是阔叶树，相比于近郊和远郊区域的针叶林，阔叶林具有较高的固碳能力。

1996～2006 年，近郊区域 55.48%的土地类型发生了土地利用/覆被变化转换，导致森林平均碳密度下降了 0.06 Mg C/hm^2，人类活动主要在近郊区域通过改变森林景观格局减少城市森林的碳储量。从林地转变为农田再转变为建设用地这一过程实质上是城市在人口增长驱动下通过土地利用转换的方式来减少森林碳储量的集中体现。远郊区域的城市森林林班数量、碳储量和碳密度呈现出逐年增加的趋势，碳密度的变化幅度也明显小于城市中心和近郊区域，城市景观破碎化和选择性采伐影响碳储量和碳密度，对城市森林的恢复产生负面影响。

如何根据不同城市化区域合理分配城市森林碳储量、碳蓄积成为中国城市化发展进程中面临的主要问题。根据目前的研究结果，提出以下 3 点建议：首先，城市中心区域发展城市垂直绿化，拓展绿化空间；垂直绿化是一种"占天不占地"的绿化形式，能在一定程度上缓解城市中心区域对绿地需求量大，而林地面积小的突出矛盾，并且具有见效快、绿化率高的特点。其次，城市近郊区域应选择适当的乡土树种，同时提高城市森林生物多样性和乔灌草的复层搭配。最后，城市远郊区域在保护人工次生林的基础上，应进一步扩大阔叶林面积和碳储量比重，并通过加强采伐限额监管，严格控制中龄林和近熟林的非正常消耗。

1.3 城市扩张对周边森林碳储量的影响

随着城市化进程的加快，城市扩张导致越来越多的城市森林分布于人口高度密集的城市环境中，人类活动改变城市森林的空间模式，不可避免地会对城市森林群落结构造成强烈的影响，这种干扰不是短暂的，而是长期、连续性的。研究城市扩张与城市森林碳储量（Mg C）、碳密度（Mg C/hm^2）和结构动态的相互作用关系，对于未来的土地利用规划管理和政策制定具有重要的指导意义。

植被碳储量是评估森林固碳能力和碳收支的重要指标，碳密度不仅代表了较大面积的林分质量，而且反映了森林受干扰的程度。城市化区域是全球和陆地尺度最主要的碳收支变化区域，未来更多的森林碳储量将受到人类活动的影响。在经济发展、人口增长、城市化等各种驱动力作用下，土地利用/覆被变化带来了从区域到全球尺度一系列的变化，是影响陆地碳汇碳源最为重要的人为活动。大量研究证实，虽然城郊土地使用量扩张大于城市中心和近郊，但是人口分布的异质性，导致经常忽略复杂土地利用/覆被变化转换后的生态效应问题。

影响森林碳密度的因素主要包括立地条件（气候、土壤、地貌）、植被类型、生长阶段和干扰（土地利用/覆被变化和自然干扰）。自然状态下的森林生态系统，不同林分类型的物种组成、年龄结构及环境因子造成碳密度存在很大的差异。但是在城市化区域，城市扩张通过改变各林分类型的面积、年龄结构和树种组成直接影响碳密度。因此，阐明城市森林碳动态的控制及反馈机制，需要定量化人为因素和自然因素。

我们前期的研究工作已经证实，不同城市化梯度区域的人类活动差异明显。在城市中心，建设用地的扩展直接导致城市森林碳储量和碳密度的减少；而在近郊和远郊，过去20年中由于实施了世界银行贷款"国家造林项目"和"森林资源发展和保护项目"，城市森林的碳储量明显增加。因此，可以预见随着城市化进程的不断加快，城市扩张对于城市森林碳储量将产生更多的负面影响。然而，前期的研究没有细分不同的林班类型对城市化的响应，无法表征城市扩张与城市森林空间距离对碳动态的影响。

　　本研究以中国城市化进程中具有典型特征的代表城市厦门市为研究对象，选择城市化快速发展和相对成熟的两个历史阶段。研究目的是比较城市扩张在不同的城市化阶段和城市化梯度区域下 4 种类型林班的碳密度，表明人类改造城市环境的态度，为快速城市化和全球变化背景下预测未来的城市生态环境质量提供理论依据，有利于森林经营政策制定、城市区域的可持续发展和未来的土地利用规划管理。

　　本研究区域下辖思明、湖里、集美、海沧、同安、翔安 6 个行政区。沿城市化梯度，划分为城市中心（老城区，包括思明和湖里行政区，人口密度大于 51 人/hm^2）、近郊（老城区和新城区的过渡地带，包括海沧和集美行政区，人口密度大于 8 人/hm^2）、远郊 3 个区域（新城区，包括同安和翔安行政区，人口密度大于 8 人/hm^2）。城市扩张改变土地利用类型在不同的城市化区域差异显著。在城市扩张区域，土地利用主要包括城市化和农业开发，通常使林地转变为非林地；在城市未扩张区域，森林经营活动主要包括采伐和修建道路。

1.3.1　研究方法

1. 数据来源

　　与 1.2.1 节中数据来源相同。30 m 空间分辨率的 Landsat TM/ETM 遥感影像非常适合结合森林资源清查数据在形成时空尺度一致数据库的基础上，研究区域尺度的森林结构和动态。本研究采用的遥感数据为三景 1986～2006 年的 Landsat TM 影像，影像的空间分辨率为 30 m。影像的成像日期分别为 1988.01.15、1996.01.15 和 2006.01.08，时相基本一致，以保证地表植被光谱反射率特征间的一致性，从而确保遥感分类结果间的可比性。研究所用的软件包括 ArcGIS 9.2 及 ERDAS IMAGINE 9.1。

2. 数据分析

　　1）生物量计算：本研究集中于城市森林地上部分生物量。森林生物量估计采用转换因子连续函数法，通过不同树种蓄积量与生物量的数量关系确定回归方程的参数。

　　2）林分碳储量和碳密度估算：为了构建厦门市的碳储量和碳密度数据库，采用生物量的 50% 计算碳储量；植被面积来源于森林资源分布图和样地属性记录。根据样地生物量的数据，结合样地面积计算每公顷碳储量。

3）龄组确定：林分和疏林地样地内的优势树种均需记载龄组，龄组根据林种、树种、培育目标和年龄确定（参照样地所在小班的林种），分为幼龄林、中龄林、近熟林、成熟林和过熟林 5 个龄组。

4）构建图形库和属性数据库：采用 ArcGIS9.2 绘图软件结合森林资源调查的图文资料创建 1972 年、1988 年、1996 年和 2006 年 4 期图形库，数据库采用 Access 程序进行储存和管理。属性数据包括：市、县、乡（镇、公社）、林班号、小班号、小班面积、小班周长、地类、地权、林权、立地类型、林种、起源、优势树种、树种组成、龄级、龄组、每公顷蓄积、小班总蓄积、小班生物量、小班碳储量、小班碳密度等 20 多项。林相图显示了不同植被类型的空间分布，采用 GIS 空间分析对不同类型林班在不同城市化区域的差异进行研究。

5）遥感解译：首先利用研究区地形图采集地面控制点，对三期 Landsat TM 影像进行几何精校正，配准误差控制在 0.5 个像元之内。将经几何精校正后的影像与厦门市森林清查矢量数据进行掩膜运算，剔除森林部分所占区域。对剩余部分影像数据，参照中国科学院"国家资源环境遥感宏观调查与动态研究"中制定的土地资源分类系统，结合研究区的具体情况，采用非监督分类与目视解译相结合的方法，对三景 Landsat TM 影像进行分类，将研究区土地覆盖类型分为建设用地、耕地、水体、湿地和裸地共五大类，其中水体、湿地和裸地统称为其他用地类型。

6）数据集成：利用森林资源规划设计调查的图形库解决城市森林内部景观格局分布情况问题；利用森林资源规划设计调查的属性数据库阐明城市森林内部森林组成结构和碳储量的动态变化过程；利用遥感技术揭示不同城市化区域的空间分异特征，刻画地表异质性，降低城市森林碳动态研究的不确定性；利用 GIS 技术揭示土地利用变化的空间动态，通过计算林地的正向（由林地向其他地类转换）、逆向（由其他地类向林地转换）转移矩阵，获知林地变化的"来龙去脉"。将分类后的遥感数据（栅格形式）矢量化，与森林清查数据进行合并，利用 ArcGIS 软件中的空间分析工具分别计算得到：①与建设用地相连接的林班面积；②与耕地相连接的林班面积；③与建设用地及耕地均相连接的林班面积；④密闭林班面积。筛选出 32 898 个面积小于 15 hm^2 的林班并计算碳密度，以此代表人类活动与城市森林空间距离的远近关系，在此基础上分析上述四类森林小班的碳储量和碳密度在不同城市化梯度区域间的差异。

1.3.2　案例结果分析

1.3.2.1　土地利用/土地覆被类型变化

1972～2006 年，厦门城市森林都未发生变化的区域面积为 42 659.6 hm²。1988～2006 年，47.97%的土地利用/土地覆被类型发生变化，前期（1988～2006 年）土地利用/土地覆被类型稳定区域的面积（97 233.8 hm²）明显低于后期（1996～2006 年）（115 025.0 hm²）。2006 年，林地面积占全市总面积的 53.49%，18 年间，林地总面积净增加 5790.9 hm²。与耕地相连接的林班、与建设用地相连接的林班、与建设用地及耕地均相连的林班和密闭林班在城市化初期（1988 年）分别占全市森林总面积的 63.91%、6.52%、6.51%、23.06%；在城市化水平较高时期（2006 年）分别占全市森林总面积的 54.20%、14.12%、13.85%、17.83%。

这表明城市扩张过程主要受城市中心距离的影响，呈现出由城市中心到远郊逐渐减缓的趋势。原来较为分散的建设用地不断扩展，通过不断侵蚀耕地和林地逐渐"黏合"成片，并导致土地利用方式由城市化初期以耕地为主，逐渐向以建设用地和林地为主的结构转变。

1.3.2.2　3 个城市化梯度下 4 种类型林班碳密度的比较

1. 城市中心

4 种类型林班碳密度均呈现出下降的趋势，加权平均值从 1988 年的（24.9±1.3）Mg C/hm² 下降到 2006 年的（19.3±1.0）Mg C/hm²，前期（1988～1996 年）碳密度年平均减少量[0.64 Mg C/（hm²·a）]明显高于后期（1996～2006 年）[0.03 Mg C/（hm²·a）]（图 1-3）。1988 年，不同类型林班碳密度无显著差异（$P>0.05$）；1996 年，与建设用地相连接的林班和密闭林班碳密度明显高于与耕地相连接的林班和与建设用地及耕地均相连接的林班（$P<0.05$）；2006 年，与建设用地及耕地均相连接的林班碳密度明显低于其他类型林班（$P<0.05$）。这说明市中心的城市森林在城市化水平较低时期由多种自然因素共同作用转变为在城市化相对稳定阶段人为因素占据主导地位。城市化和农业开发导致的人类活动对于空间距离较近的林班抱有的是一种保护的态度，对于空间距离较远的林班抱有的是一种利用的态度。

2. 近郊

4 种类型林班碳密度的加权平均值从 1988 年的（14.0±1.8）Mg C/hm² 上升到

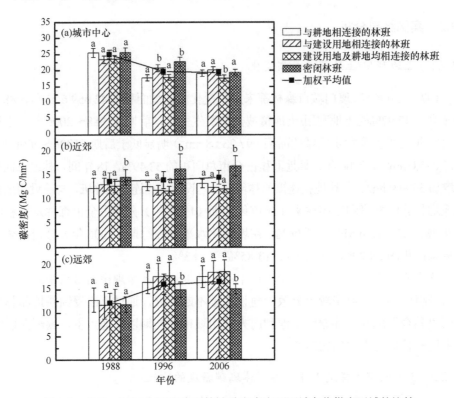

图 1-3　1988~2006 年不同类型植被碳密度在不同城市化梯度区域的比较

a 和 b 表示差异显著（$P<0.05$）

2006 年的（14.9±1.5）Mg C/hm^2，前期（1988~1996 年）碳密度年平均增加量
［0.04 Mg C/（hm^2·a）］低于后期（1996~2006 年）［0.06 Mg C/（hm^2·a）］（图 1-3）。
与建设用地相连接的林班和与建设用地及耕地均相连的林班呈现出前期下降后期
上升的趋势，而与耕地相连接的林班和密闭林班呈现逐年上升的趋势，2 个时期
密闭林班碳密度均明显高于其他类型林班（$P<0.05$）。这说明在近郊区域多种城市
化模式对森林碳密度产生影响，城市扩张已经对周边森林产生了负面影响。城市
扩张过程中，与人类活动空间距离较近的林班，人为因素起主导作用，人类采取
的是先利用后保护的态度。与人类活动空间距离较远的林班，森林再生长等自然
因素占据主导地位。

3. 远郊

4 种类型林班碳密度的加权平均值从 1988 年的（12.1±2.1）Mg C/hm^2 上升到

2006 年的（16.7±1.8）Mg C/hm^2，不同类型林班碳密度均呈现逐年上升的趋势，前期（1988～1996 年）碳密度年平均增加量 [0.50 Mg C/（hm^2·a）] 明显高于后期（1996～2006 年）[0.06 Mg C/（hm^2·a）]（图 1-3）。1988 年，不同类型林班碳密度无显著差异（$P>0.05$）；1996 年和 2006 年，密闭林班碳密度明显低于与其他类型林班（$P<0.05$）。这说明选择性采伐阻碍了密闭林班的森林再生长，自然因素对于碳密度的变化起主导作用。

1.3.2.3　城市森林组成与结构的变化对碳储量的影响

总体而言，城市化初期的人工针叶林（*Pinus massoniana*、*Cunninghamia lanceolata*、*Casuarina equisetifolia*）是城市森林的主要组成部分，在城市扩张的影响下已逐渐被阔叶林（*Acacia confusa* 和 *Eucalyptus* spp.）取代。阔叶林面积和碳储量的增加主要来自于与建设用地相连接的林班（1988～2006 年与建设用地相连接的林班中阔叶林面积和碳储量分别增加了 57.58% 和 58.11%），针叶林减少主要来自于与耕地相连接的林班（1988～2006 年与耕地相连接的林班中针叶林面积和碳储量分别减少了 33.78% 和 36.15%）。

1.3.2.4　年龄结构调整对碳储量的影响

随着城市化进程的加快，中幼龄林森林面积和碳储量总体呈现出下降的趋势，成熟林森林面积和碳储量总体呈现出上升的趋势。

1.3.3　讨论

本研究采用遥感影像结合森林资源清查的方法估算碳储量，地表观测与遥感监测在时空尺度一致的基础上，实现了生态过程研究中样点的数据与区域尺度数据的集成，形成完整的地上部分森林碳制图。森林资源规划设计调查的小班清单属性数据将各类土地面积按小班落实到山头地块，与传统的城市森林分层随机抽样调查不同，其提供了整个城市化进程期间的森林结构变化过程。研究结果不仅展现了在长期的人类活动影响下土地利用/覆被变化对城市生态系统功能的影响，而且将生态过程研究的机制问题（树种、林龄）融合到不同城市化梯度区域碳储量的对比研究中，为快速城市化和全球变化背景下预测未来的城市生态环境质量提供理论依据，有利于森林经营政策制定和城市景观规划管理。

森林破碎化后，边缘暴露在耕地、建设用地等与原来生境差异很大的基质中，其能量平衡与自然植被完全覆盖的景观明显不同。由林缘引起的物理环境改变（包括生物和非生物效应），可直接影响森林结构，森林植物的生物量、生产力对边缘效应有明显响应。本研究结果显示，不同类型林缘碳密度在不同城市化梯度区域和不同时间差异显著，这说明城市森林的边缘效应只有在特定环境条件下才具有生物学意义。

采用遥感技术、GIS 手段结合森林资源清查数据研究长期的人类活动对土地利用景观格局变化、城市森林生态系统过程和碳动态的影响。在城市扩张过程中，人类活动引起建设用地扩展和耕地的大量减少，加大了具有更高固碳潜力的阔叶林和成熟林的比例，人为因素取代自然因素成为影响城市森林碳密度的主要因素，人们对森林采取的是先利用后保护的态度。因此，可以预见随着城市的进一步扩张，城市森林碳密度将会呈现出先降低后升高的趋势。虽然森林资源清查数据和遥感影像数据仅来源于厦门市，但是我们的研究结果也可以为中国其他城市的发展模式提供借鉴和参考。

1.4　景观异质性与城市森林碳储量的相互影响

景观格局、过程和生态功能在不同空间尺度上的相互关系问题一直是景观生态学和森林经理学研究的核心和难点。由于城市化进程的加快和城市环境压力的增长，城市森林景观在近年来成为景观生态学研究关注的热点。城市化加快及土地利用变化，都使得城市森林景观异质性在景观尺度上对于生态系统的结构、功能和过程有较大改变。

景观指数，是高度浓缩的景观格局信息，是反映景观结构组成、空间配置特征的简单量化指标。景观指数的实用性体现在对于景观格局的研究，以及空间配置特征与景观构成的量化分析。其也用于景观生态结构和过程的关系建立，指数研究可以帮助研究者更好地理解和解释结构和过程之间的相互影响。假如更相关的生态功能景观指数被选取，景观分析的有效性将会增加，相同功能的景观指数将被应用于其他学科。相反，如果滥用这些景观指标，将会阻碍建立空间与模式的相互关系。如果景观指数与生态功能密切相关，反映重要的空间配置信息，那么景观指数将可以在景观结构、过程和功能方面起主导作用。目前，大量的景观指数被建立并用于刻画景观模式和过程。虽然景观指数在设计和经营城市森林景观领域的研究中引起很大关注，但指数在不同空间尺度上表征空间特征的准确生态含义还在初步的推论当中，需要基于数学公式推算。因此，筛选与生态过程、功能密切相关的景观指数已成为景观生态学研究中的关键问题。

植被碳储量（t）和碳密度（t C/hm^2）是城市森林生态功能最重要的组成部分，不仅代表了较大面积的林分质量，而且反映了森林受干扰的程度。大量研究证明，树种和林龄等级组成是影响植被在生态系统中碳密度变化的主要因素。研究也表明，反映景观异质性层次的植被碳密度会被相关的一系列变化所影响。此外，碳密度研究直接与城市森林资源的可持续利用相关，有助于土地经营，提高城市森林的生态功能。当然，虽然景观指数的可利用范围很广，但是它们极少被用在景观异质性对植被碳密度的影响方面。因此，本研究对于如何选择最合适量化景观格局和植被碳密度的景观指数具有指导意义。

许多研究致力于解释森林景观的空间异质性和时间异质性，以及描述筛选景观指数的生态过程。例如，Lee 等（2009）在研究韩国地区干扰类型和植被配置结构时发现，森林景观异质性可以极大地影响林火的干扰。Van Nieuwenhuyse 等（2011）采用构建中性化景观模型揭示了地表水文学结构和过程的相互影响。这也表明使用景观指数来量化景观异质性，就主要过程和相应模型结构的需要而言，对于基本比较和分类是具有重要意义的。然而，几乎没有涉及景观指数和植被碳密度动态关系的研究，特别是关于景观结构和生态功能方面。这使得探索推动机制在人类活动的影响下植被碳密度在时间和空间上的变化，描述景观异质性及其生态功能变得十分困难。关于景观结构、过程和功能在不同尺度上影响的结论必须基于大面积的现场观测。然而，城市森林碳密度和景观异质性的研究很少基于大面积的现场观测。这是因为当采用典型实验设计时，其范围和空间异质性难以实现大面积的评估。基于实验的景观研究也进展缓慢，不包括对于景观结构、过程和功能的相互作用关系的阐述。

绝大部分大尺度和中尺度的城市森林景观研究往往都依靠遥感影像解译，却没有对每个独立的林班进行识别，部分学者甚至认为遥感影像是唯一能解释景观格局和过程关系的图片资料。遥感影像过去被用来检测多年林冠结构，也用于间接评价世界范围大部分地区的森林碳储量。然而，遥感影像损失了某些林班的重要信息，也难以测量林龄。此外，遥感影像的误读会造成分辨率和制图分类的误差，从而影响制图和景观模式的准确性，最后错误会在景观指数上反映出来。因此，当描述城市森林景观的动态变化时，需要和强调大尺度的区域观测数据。这也使得研究者基于景观指数的生态学意义，建立城市森林过程和功能的联系。每

10 年进行一次森林资源规划设计调查的小班清单属性数据主要用于森林资源规划和设计，提供了树种组成、林龄、种植密度、小班蓄积量和优势树种的生物量回归方程等重要信息。我们将这些主要森林资源数据的来源应用到多种土地类型，包括基于小班样本的丘陵和斑块。小班是森林资源规划设计调查的取样单位。我们使用 GIS 及这些数据表示每种类型林斑的特征和空间数据。这些调查使用的数据来自大量的现场测量，有助于通过使用景观指数，证明景观结构和生态功能具有相关性。

城市化极大地改变了城市生态系统的结构、功能和过程，从而影响城市生态环境。就全球范围而言，许多国家经历不同的城市化阶段和形式是由于生态发展形式和文化传统构成不同。海滨城市是世界上城市化研究的关键区域。超过半数的世界人口、生产和消费集中于沿海城市，即使临海区域只占全球陆地的 10%。在过去的 30 年中，我国城市化进程迅速加快，特别是东部沿海城市。本研究以厦门市为研究区域，是由于它反映了我国东南部城市化发展的典型特征。本研究的结果不仅适用于厦门市，而且对于我国其他省市的城市化管理具有重要的潜在借鉴作用。本研究的目的主要包括：①探明厦门市森林景观格局研究的合适尺度；②分析厦门市森林景观异质性在不同尺度上的动态变化；③筛选出与植被碳密度相关性显著、能够表征碳密度变化的景观指标。

本研究选取 1972 年、1996 年和 2006 年具有代表性的城市化阶段。在 1972 年最初的城市化阶段，土地利用变化是最小的。1996 年，由于工业发展创造了就业机会，城市向乡村扩张，城市化速度加快，特别是土地利用变化程度提高得很快。到了 2006 年，因为厦门市大部分地区已经完成城市化，所以这个阶段的土地利用变化速度变缓。由于林业碳改革计划的实施，1972～2006 年从农田转变为市郊或城市景观的速度显著提升。

1.4.1 研究方法

1.4.1.1 数据来源

本研究应用厦门市 1972 年、1996 年、2006 年三期森林资源规划设计调查的 31 933 个取样检测数据，数据包括森林资源的地类、蓄积量、树种组成、优势树种、龄组等多个属性数据项和 1∶10 000 比例尺的地形图。运用系统抽样、分层抽样和整群抽样方法将整片区域划分得到的数据，用于测量每块抽样地区增长的容量之间的区别，比较抽样地区与总体样本容量的准确性。这些模型和森林资源规划设计调查数据应用于自然和人工林的研究，从而估算它们的生物量和净初级生产力。根据森林类型、树种、培育目标和年龄这些信息，龄组被划分为幼龄林、中龄林、早熟林、成熟林和过熟林。根据森林资源规划设计调查关于森林划分的记载，将森林划分为针叶林、阔叶林、针阔混交林、其他林地和非林地 5 种景观要素类型。其他林地包括灌木林地、竹林地、苗圃地和采伐迹地等，非林地包括农地、牧地、建设用地和水域等。

森林资源规划设计调查同时根据不同树种的蓄积量比重对混交林进行了归类。我们将矢量图转换成栅格图（分辨率 10 m×10 m），得到研究区按格网划分出的合适尺度大小的森林景观分布图。

1.4.1.2 数据处理与计算

1. 分析尺度的选择

景观指数对空间幅度和粒度敏感，因此，针对特定研究地区进行景观分析时，选择合适的尺度尤为重要。通过选择合适的尺度进行分析可能减少景观指数值在不同区域上的差别。我们通过比较不同尺度样地上的景观指数值来选择合适的尺度。三个景观指数（斑块密度、平均欧氏最近邻近距离和斑块聚集指数）在斑块类型水平上彼此的关联很少，各自代表不同的景观格局属性。因此，这三个指数被筛选作为最合适的景观指数。基于以上原则，正方形的样地幅度选择 1 km²、13 km²、30 km²、60 km²、80 km²、115 km²。不同大小的样地幅度，相应的景观指数可以按每个样地的范围计算。随着范围的增加，景观指数的曲线逐渐趋于稳定。由于指数变得稳定，我们可以确定方形样地指数值对我们的研究分析最为合适。

首先在整个厦门地区随机选取 8 个样点，再在每个样点缓冲出 6 个不同幅度的样地。选择样地尺度要遵循以下两个原则：①尺度要足够大，尽量能够涵盖不同的景观类别，从而在景观和斑块类型水平上反映异质性特征；②不同尺度的间隔不能太大，否则不能表现景观指数在不同尺度上的变化趋势。将 8 个样点上 6 个不同尺度下的景观指数值表现出来。为了确认大部分曲线的形状都是渐近的，4 个指数值被绘制在 6 个样地，每个样地有 8 个采样点。随后对多种尺度的景观价值分布进行比较，观察它们的波动情况和范围，并且挑选景观指数值保持稳定时所处的尺度。

2. 森林碳密度和碳储量的计算

采用转换因子连续函数法计算不同林地类型的生物量，其回归方程为

$$B=aV+b \tag{1-1}$$

式中，B 为林分生物量（包括所有存活的乔木和灌木）（t/hm²）；V 为单位面积活立木蓄积量（m³/hm²）；a、b 为一个森林类型的参数（表 1-1），采用生物量的 50% 计算碳密度（t/hm²）。碳密度与面积的乘积即为碳储量。

表 1-1 立木蓄积量（V，m³/hm²）、林分生物量（B，t/hm²）估算的参数值

森林类型	a	b
木麻黄	0.7441	3.2377
杉木	0.3999	22.541
桉树	0.8873	4.5539
木荷	0.7564	8.3103
马尾松和湿地松	0.5101	1.0451
台湾相思	0.4754	30.6034

注：公式 $B=aV+b$，其中参数 a 和 b 表示一种森林类型，且赋值根据 Fang 等（2001）

3. 重要值的计算

重要值（IV）用来表示一个群落中不同种类的优势度。这个量化指标用来表明每个树种对于森林群落中其他组成的重要性。针叶林、阔叶林和混交林的重要值计算方法如下，基于相对密度、相对高度和每个树种的相对基本范围：

相对密度=在一片区域某种树种的数量×100/这片区域所有树种的总数

相对高度=在一片区域某种树种的总高度×100/这片区域所有树种的高度

相对基本范围=在一片区域某种树种的所有植株所在基本范围×100/这片区域所有树种的所有植株所在基本范围

重要值（IV）=相对密度+相对高度+相对基本范围

4. 景观格局动态分析

为了分析厦门市景观格局动态变化，量化景观组成和形态的景观指数，使用 3 个时期（1972 年、1996 年和 2006 年）的栅格数据，再经过 FRAGSTATS3.3 软件计算获得。景观指数亦可分为斑块水平指数（patch-level index）、斑块类型水平指数（class-level index）和景观水平指数（landscape-level index）。斑块水平指数往往是计算其他景观指数的基础，而其本身对景观格局分析的作用不大，因此，

本研究仅仅采用斑块类型水平指数和景观水平指数分析景观格局。我们选择使用频率最高的 12 种指数，即最大斑块指数（LPI）、平均斑块面积（AREA_MN）、面积加权平均形状指数（SHAPE_AM）、面积加权邻近度指数（CONTIG_AM）、蔓延度指数（CONTAG）、散布和并列指数（IJI）、形状指数（LSI）、斑块聚集指数（COHESION）、斑块密度（PD）、分离度指数（DIVISION）、平均欧氏邻近距离（ENN_MN）、多样性指数（SHDI）。根据景观格局的测量，这 12 种指数被分为 4 组：面积指数（包括 LPI）和边缘指数（包括 AREA_MN）、形状指数（包括 SHAPE_AM 和 CONTIG_AM）、集聚指数（包括 CONTAG、IJI、LSI、COHESION、PD、DIVISION、ENN_MN）和多样性指数。在斑块类型水平上描述景观组成和结构的指数有 LPI、AREA_MN、CONTIG_AM、LSI、COHESION、PD、ENN_MN，而在景观水平上描述景观异质性的指数有 AREA_MN、SHAPE_AM、CONTAG、IJI、LSI、COHESION、PD、DIVISION、ENN_MN、SHDI。

1.4.1.3 统计分析

1.4.1 节已经描述过如何选择合适的空间尺度（80 km²），在此基础上，完整的研究范围被划分为 25 个单元。每个单元中，在每个测量时期（1972 年、1996 年和 2006 年）都计算碳密度、景观指数和森林类型的重要值。使用两两类别的 t 检验来得到各类别之间的差距，或者通过单向的方差分析，再通过两种以上种类的多次比较测验来鉴别差距。在方差相似的情况下（Levene's test），使用 Tukey 的检验方法，否则使用 Games-Howell 的检验方法。使用 Spearman 估算方差的相互关系。一般说来，如果方差相关系数的绝对值（|rs|）是有意义的，超过了 0.80，那么它们就被认为是具有高相关性的（两个变量可以传达大部分相同的信息）。然而，还应该根据它的生态学意义和是否利于之后的分析而进行选择。另外，我们运用逐步的线性回归，比较 R^2 来研究景观异质性对不同森林类型碳密度的影响。

当 $P < 0.05$ 时，统计学意义是可以确定的。使用 SPSS 16.0（SPSS Inc.，Chicago，IL）进行所有的统计学分析。

1.4.2 案例结果分析

1. 空间尺度的选择

从图 1-4 可以看出，在 1 km² 和 13 km² 的尺度上，并不能涵盖所有的景观要素类别；当尺度小于 80 km² 时，景观指数波动剧烈；而从 80 km² 尺度开始，8 个样地上的景观指数值的分布趋于平缓。所以可以选择 80 km² 作为划分地块的合适尺度。在整个研究区域厦门市被划分出 25 个 80 km² 的样地，采用 FRAGSTATS3.3 软件计算每个样地景观水平指数值和斑块类型水平指数值，采用生物量转换因子连续函数法计算每个样地植被碳储量和碳密度。

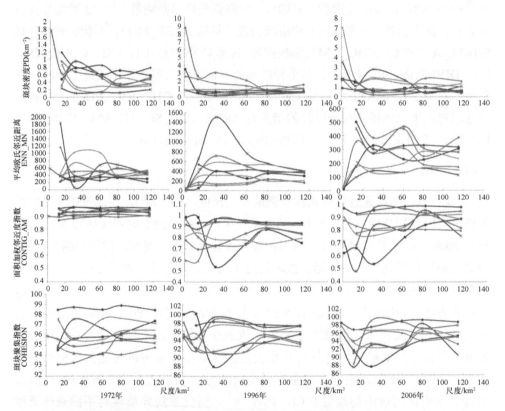

图 1-4 不同阈值范围下 8 个样地（图中的 8 个线条）的景观指数变化图（1972～2006 年）

2. 森林景观异质性动态分析

城市森林的空间范围和林班数量分别增加了 15 117 hm²、10 225 个斑块。在斑块类型水平，森林异质性动态研究如图 1-5 所示。我们发现最大斑块指数（LPI）、平均斑块面积（AREA_MN）、面积加权邻近度指数（CONTIG_AM）和斑块聚集指数（COHESION）之间有很高的相关性（通常|rs|P0.80）。由于斑块聚集指数具有能够量化生长环境连通性的优势，所以选择斑块聚集指数。我们认为不是所有

的森林类型和景观指数都表明城市化进程的显著发展趋势。因此，仅选取 4 种在斑块类型水平上的森林异质性指标描述景观组成和结构动态变化。它们是形状指数、斑块聚集指数、斑块密度和平均欧氏邻近距离。4 种针叶林的聚集指数在1996～2006 年变化不显著，基本保持平稳的发展趋势。对于阔叶林和混交林，形状指数和斑块密度在 1972～1996 年显著增长，在 1996～2006 年增长趋势保持平稳。然而，所有森林类型的斑块聚集指数都没有显著增长。在斑块类型水平上的这些结果表示，森林异质性在 1972～1996 年快速增长，随后在 1996～2006 年增长趋于平稳。

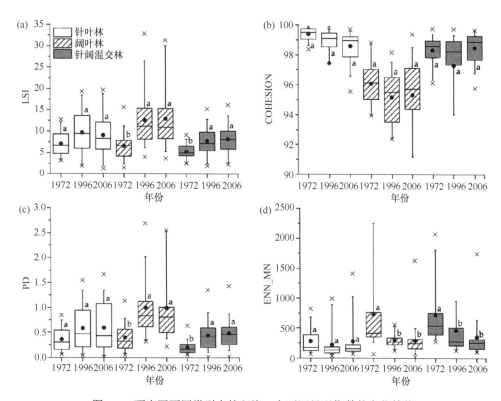

图 1-5　研究区不同类型森林斑块 4 个不同景观指数的变化趋势

a. LSI；b. COHESION；c. PD；d. ENN_MN

图 1-6 反映的是研究区景观水平上森林异质性指数的变化情况。1972～2006年，斑块密度（PD）和景观形状指数（LSI）总体呈现出前期（1972～1996 年）增大、后期（1996～2006 年）减小的趋势，平均斑块面积（AREA_MN）总体呈现出前期（1972～1996 年）减小后期（1996～2006 年）增大的趋势。蔓延度指数

（CONTAG）总体呈现出前期（1972～1996 年）减小后期（1996～2006 年）平缓稳定的趋势。多样性指数（SHDI）和分离度指数（DIVISION）总体呈现出前期（1972～1996 年）增大后期（1996～2006 年）平缓稳定的趋势。因此，我们的分析清楚地表明森林异质性显著增加，而城市化阶段稳定地发展。

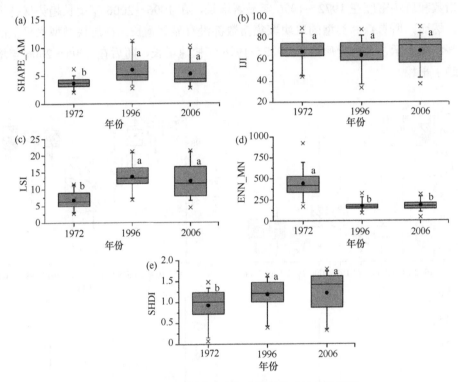

图 1-6　研究区主要景观水平景观异质性变化情况

3. 城市森林碳储量与碳密度的动态分析

1972 年厦门市森林碳储量达到 273 938 t，但是随后 34 年研究期间增长了 865 589 t，总量达到 1 139 527 t。1972～2006 年，城市森林总面积、覆盖率、碳储量和林班数量呈现出前期（1972～1996 年）增加、后期（1996～2006 年）减少、总体上升的趋势。1996 年城市森林碳密度明显高于 1972 年（$P<0.05$），而 1996～2006 年碳密度没有明显的变化。

在城市化发展期间，不同树种组成的变化和树林结构对植被碳密度有显著影响。针叶林的重要值 1972～1996 年显著增加，而混交林 1972～1996 年明显减少，

1972～1996 年趋于平缓（表 1-2）。

表 1-2　厦门市 1972～2006 年森林土地覆盖斑块类型的区域

森林	面积/hm²			1972～2006 年变化
	1972 年	1996 年	2006 年	
针叶林	40 634	28 932	22 141	−18 493
阔叶林	4 011	28 939	25 981	21 970
混交林	7 977	11 003	15 469	7 492

幼龄树种的碳储量占总蓄积量的百分比减少了 61.57%，大部分碳储量被储存于成熟林。阔叶林如桉树、台湾相思、木麻黄和木荷，比针叶林如马尾松、杉木（t 检验，$P<0.05$）。木麻黄与桉树、桉树与台湾相思的混交林，它们的碳密度比马尾松与木荷、马尾松与台湾相思、马尾松与杉木的混交林碳密度高。阔叶林和混交林的碳储量百分率显著增加。针叶林与阔叶林的百分比 1972～2006 年从 10.13：1 下降到 0.85：1。针叶林的面积下降了 18 493 hm²，而阔叶林面积下降了 21 970 hm²。

4. 景观格局指数的碳密度相对重要性

相对性分析是为了确定在 3 个调查时间里（1972 年、1996 年和 2006 年）景观指数的稳健性，它与碳密度有密切相关性。在斑块类型水平上，未发现稳健景观指数与碳密度有密切相关性（表 1-3）。然而，在景观水平上，多样性指数（SHDI）与碳密度在 3 个调查周期都显著相关（$P<0.01$）（表 1-4）。这表明多样性指数是所有研究的景观水平指数中最为敏感的指数。

表 1-3　碳密度和选定斑块类型水平的景观指数之间的 Spearman 相关系数

森林类型	年份	形状指数 LSI	斑块聚集指数 COHESION	斑块密度 PD	平均欧氏邻近距离 ENN_MN
针叶林	1972	0.68**	0.25 ns	0.77**	−0.74**
	1996	0.49*	0.24 ns	0.49*	−0.37 ns
	2006	0.15 ns	−0.03 ns	0.33 ns	0.26 ns
阔叶林	1972	0.15 ns	0.12 ns	0.34 ns	−0.49*
	1996	0.05 ns	−0.38 ns	0.07 ns	0.12 ns
	2006	0.32 ns	−0.27 ns	0.59**	−0.13 ns
混交林	1972	−0.44*	0.10 ns	−0.38 ns	0.39 ns
	1996	−0.02 ns	−0.02 ns	−0.06 ns	0.08 ns
	2006	0.08 ns	0.14 ns	0.46*	−0.27 ns

注：ns，$P>0.05$；*$P<0.05$；**$P<0.01$

表 1-4　碳密度和选定景观水平的景观指数之间的 Spearman 相关系数

年份	面积加权平均形状指数 SHAPE_AM	散布和并列指数 IJI	形状指数 LSI	平均欧氏邻近距离 ENN_MN	多样性指数 SHDI
1972	0.02 ns	0.05 ns	0.72**	0.68**	0.81**
1996	0.49*	0.70**	0.48**	0.54**	0.88**
2006	0.49*	0.60**	0.31 ns	0.08 ns	0.75**

注：ns，$P>0.05$；*$P<0.05$；**$P<0.01$

　　逐步回归方法用来评价景观异质性——多样性指数的相对重要性和森林类型的碳密度大小。表 1-5 表明多样性指数（SHDI）对 1972 年的森林碳密度具有重要作用，它的重要性在 1996 年和 2006 年中比其他森林类型大，但大多数的研究都强调尺度效应对于景观指数具有更强烈的作用。此外，从碳密度的整体变化来看，多样性指数的解释力（explanatory power）（从 1972 年的 55%提高到 2006 年的 70%）比森林类型重要值的其他解释力更高（从 1972 年的 0 提高到 2006 年的 37%）（表 1-5）。因此，多样性指数在森林碳密度方面比其他森林类型更为重要。

表 1-5　碳密度和选定景观水平的景观指数之间的逐步回归关系

年份	解释变量	最终模型	R^2	F	P
	SHDI	CD=2.76（SHDI）−0.48	0.55	28.05	<0.001
1972	IV-C、IV-B 和 IV-M	CD=2.08	0.00	0.00	1.000
	SHDI、IV-C 和 IV-M	CD=2.76（SHDI）−0.48	0.55	28.05	<0.001
	SHDI	CD=10.97（SHDI）−5.40	0.60	34.41	<0.001
1996	IV-C、IV-B 和 IV-M	CD=−10.97（SHDI）+9.52	0.30	9.95	0.004
	SHDI、IV-C、IV-B 和 IV-M	CD=10.97（SHDI）−5.40	0.60	34.41	<0.001
	SHDI	CD=7.70（SHDI）−1.97	0.70	53.88	<0.001
2006	IV-C、IV-B 和 IV-M	CD=11.44（IV-M）+3.62	0.37	13.24	0.001
	SHDI、IV-C、IV-B 和 IV-M	CD=8.9（SHDI）−5.25（IV-M）−1.32	0.80	44.69	<0.001

注：CD. 碳密度（t/hm²）；SHDI. 多样性指数；IV-C. 阔叶林的重要值；IV-B. 针叶林的重要值；IV-M. 混交林的重要值。模型使用 R^2、F 和 P 作为判定系数。景观水平多样性和森林类型只有单独的影响会被考虑，所以碳密度的整体变化百分比值可能超过 100%

1.4.3　讨论

　　本研究结果表明，景观指数值并不一定随着尺度的拓展而增大，因为当尺度小于 80 km^2 时，景观指数波动剧烈。而从 80 km^2 尺度开始，8 个样地上的景观指数值的分布趋于平缓。这一结果与 Keitt 等（1997）对美国西南部亚利桑那州、科罗拉多州、新墨西哥州和犹他州的研究结果是一致的。其他研究者也在更大的尺度上证实了这一结果。例如，Griffith 等（2003）在 400 km^2 景观尺度下，用景观指数表征美国东南部 5 个生态区景观变化趋势；Uuemaa 等（2005）在 225 km^2 景观尺度下，阐明水质和景观指数存在显著相关关系。尽管不同的尺度下生态系统模式各不相同。

　　研究结果表明，3 个时期多样性指数（SHDI）与植被碳密度之间均存在极显著相关性（$P<0.01$）。我们认为 3 个关键因素导致这个显著关系。第一个因素是森林面积的扩张。地方、省级和国家政府致力于推动造林和绿化活动，森林面积和碳储量在 1972～2006 年都有增长。第二个因素是树龄结构的改变。1972 年城市化正处于最初阶段，大面积的幼龄树种［胸径（DBH）<8cm］被用于荒山造林。1972～2006 年，早熟林、成熟林和过熟林的碳密度分别提高了 13.21%、11.39% 和 6.36%。城市环境中温度的升高和太阳直射的增多可以促进偏远地区的树木生长。最终，因素是树种组成的改变。1972 年大面积种植针叶林，并且由于 1972～1996 年森林不断生长，数量不断增加，某些生长区的针叶林转变成阔叶林和混交林。针叶林区域减少了 45.51%，其中 19.27% 的区域转变为阔叶林和混交林。先前的研究结果证明，每年阔叶林的碳吸收量显著高于针叶林。因此，尽管异质性加剧，在这些综合效果作用下城市森林碳密度不断增加。具体说来，多样性指数是整个城市化阶段中能够影响城市森林碳密度最重要、最敏感的景观指数。

　　许多研究表明，筛选有关生态功能方面的景观异质性指数是至关重要的，它能够表示景观格局、过程、生态结构和尺度关系。然而，当前研究中筛选出的景观指数主要基于景观异质性、森林动物生长特性、林火和水文过程。据我们所知，关于景观异质性指数和碳密度的研究还处于较为空白的阶段。因此，我们无法将多样性指数和碳密度的相似性、差异性与其他景观指数相比较。然而，我们可以确信许多生物因子（如森林类型和森林生长阶段）和非生物因子（如气候、地形、土壤和干扰）会影响碳密度。在自然生态系统中，生物因子是碳密度最主要的影响因素。在城市生态系统中，非生物因子是碳密度最主要的影响因素，而城市景观变化对碳密度的影响是复杂且难以预料的。景观异质性表征了多类型的非生物因素的综合影响。碳密度包括城市环境中人类各种活动和其他非生物因素，如光线、温度和土壤状况。因此，如我们研究中所说的，景观异质性在整个碳密度变化过程中的解释力，比森林类型的重要值的解释力更高。

由表 1-5 可知，在 1972～2006 年的城市化阶段中，景观水平多样性指数和植被类型（以森林类型的重要值为代表）的重要性有所增长。在早期（1972 年），只有景观水平多样性指数起到主导作用，而在之后的阶段森林类型的重要性逐渐提高（1996 年阔叶林类型和 2006 年的混交林类型）。尽管如此，森林类型的重要性还是远比景观水平多样性指数低，主要是由于绝大部分的阔叶林树种在研究周期中仍然处于幼龄阶段，大型乔木的碳储量可以达到小型乔木的 1000 倍以上。

我们根据目前研究提出如下建议：首先，空间格局的量化分析是城市森林景观规划的重要方法。当分析景观格局时，基于关注的生态问题和研究力度，适当地对斑块进行分类和选择景观指数。其次，城市森林研究范围可以扩展到森林结构多元化和亚热带地区森林景观格局。最后，城市森林生态系统还包括其他生态系统服务，如环境监管和文化服务等。碳汇仅仅是这些重要的生态服务的一种。根据当地气候、土壤和地形条件，经过适当的景观规划、树种选择和经营管理城市森林才可以保持提供一个丰富的生态系统服务。

本研究结果以景观指数的生态学意义为出发点，通过景观指数的生态学解释，在一定程度上揭示景观格局变化与森林生态系统生态功能之间的联系。景观变化的驱动因子包括了为人为驱动因子和自然驱动因子两大类，表现为自然驱动力的长期累积性和人为驱动力的短期活跃性效应，是社会、政治、技术、自然和文化 5 个主要驱动力综合作用的结果。因此，阐明景观指标的生态学意义需要区分景观在多种情形下的根本变化。更进一步的研究应综合考虑多重驱动因子，在空间显式景观模型的基础上，开发应用性强的城市森林景观格局与过程模块，多视角探讨景观异质性在生态服务或森林功能上的影响。更近一步来说，为了进行景观指数和碳密度之间关系的系统评价，我们也需要确定研究中景观指数之间的相互关系，以及同一个城市和自然生态系统中的碳密度大小。不同国家的生态发展和传统文化的差异导致城市化进程各不相同。虽然新的景观指数不断产生，其可以从更广的角度解释生态系统的特性和动态变化，也可以用于描述城市生态系统的格局、功能和过程。但是目前研究的重点是如何选择相关的指数用于景观分析，而不是急于不断地产生大量的景观格局指数。将来努力的方向应该是研究有关景观指数的生态学含义，使其能更好地反映生态过程和功能。

1.4.4 结论

本研究估算了景观异质性和森林类型对于厦门市森林碳储量的影响。通过使用长期和大尺度的现场检测数据，我们探讨研究了厦门市景观格局的最适宜尺度。根据整合空间与统计分析、景观格局动态分析及生物量计算，我们确定了合适的、与植被碳密度密切相关的景观指数。我们得出的结论是景观格局分析最合适的尺度是 80 km^2。厦门市城市化进程的加快带动了景观异质性的增长，特别是在城市化的早期阶段（1972～1996 年），这也解释了研究期间碳密度的动态变化。在所有选取的景观异质性指数中，SHDI 是最为敏感的指数，它的功能是解释碳密度的变化优于森林类型的变化。

参 考 文 献

Alberti M, Hutyra L. 2009. Detecting carbon signatures of development patterns across a gradient of urbanization: linking observations, models, and scenarios. The Fifth Urban Research Symposium, 1: 1-12.

Awal M A, Ohta T, Matsumoto K et al. 2010. Comparing the carbon sequestration capacity of temperate deciduous forests between urban and rural landscapes in central Japan. Urban Forestry & Urban Greening, 9: 261-270.

Batty M. 2008. The size, scale, and shape of cities. Science, 319: 769-771.

Bhattarai K, Conway D. 2008. Evaluating land use dynamics and forest cover change in Nepal's Bara District(1973–2003). Human Ecology, 36: 81-95.

Broadbent E N, Asner G P, Keller M, et al. 2008. Forest fragmentation and edge effects from deforestation and selective logging in the Brazilian Amazon. Biological Conservation, 141: 1745-1757.

Buyantuyev A, Wu J. 2009. Urbanization alters spatiotemporal patterns of ecosystem primary production: a case study of the Phoenix metropolitan region, USA. Journal of Arid Environments, 73: 512-520.

Caspersen J P, Pacala S W, Jenkins J C. 2000. Contributions of land-use history to carbon accumulation in U.S. forests. Science, 290: 1148-1151.

Cayuela L, Benayas J M, Echeverría C. 2006. Clearance and fragmentation of tropical montane forests in the Highlands of Chiapas, Mexico(1975–2000). Forest Ecology and Management, 226: 208-218.

Chen J M, Ju W M, Cihlar J, et al. 2003. Spatial distribution of carbon sources and sinks in Canada's forests. Tellus, 55: 22-641.

Churkina G, Brown D G, Keoleian G. 2010. Carbon stored in human settlements: the conterminous United States. Global Change Biology, 16: 135-143.

Desai A R, Noormets A, Bolstad P V. 2008. Influence of vegetation and seasonal forcing on carbon dioxide fluxes across the Upper Midwest, USA: implications for regional scaling. Agricultural and Forest Meteorology, 148: 288-308.

Drummond M A, Loveland T R. 2010. Land-use pressure and a transition to forest-cover loss in the eastern United States. Bioscience, 60: 286-298.

Dubayah R O, Sheldon S L, Clark D B, et al. 2010. Estimation of tropical forest height and biomass dynamics using lidar remote sensing at La Selva, Costa Rica. Journal of Geophysical Research, 115: 1-17.

Dwyer J M, Fensham R, Buckley Y M. 2010. Restoration thinning accelerates structural development and carbon sequestration in an endangered Australian ecosystem. Journal of Applied Ecology, 47: 681-691.

Fang J Y, Chen A P, Peng C H, et al. 2001. Changes in forest biomass carbon storage in China between 1949-1998. Science, 292: 2320-2322.

Fry G, Tveit M S, Ode Å, et al. 2009. The ecology of visual landscapes: exploring the conceptual common ground of visual and ecological landscape indicators. Ecological Indicators, 9: 933-947.

Gill A M, Williams J E. 1996. Fire regimes and biodiversity: the effects of fragmentation of southeastern Australian eucalypt forests by urbanisation, agriculture and pine plantations. Forest Ecology and Management, 85: 261-278.

Glenday J. 2006. Carbon storage and emissions offset potential in an East African tropical rainforest. Forest Ecology and Management, 235: 72-83.

Griffith J A, Stehman S V, Loveland T R. 2003. Landscape trends in mid-Atlantic and southeastern United States ecoregions. Environmental Management, 32: 572-588.

Günlü A, Kadıoğulları A I, Keleş S, et al. 2009. Spatiotemporal changes of landscape pattern in response to deforestation in northeastern Turkey: a case study in Rize. Environment Monitor Assessment, 148: 127-137.

Hamberg L, Lehvävirta S, Kotze D J. 2009. Forest edge structure as a shaping factor of understorey vegetation in urban forests in Finland. Forest Ecology and Management, 257: 712-722.

Hancock C N, Ladd P G, Froend R H. 1996. Biodiversity and management of riparian vegetation in Western Australia. Forest Ecology and Management, 85: 239-250.

Hedblom M, Soderstrom B. 2008. Woodlands across Swedish urban gradients: status, structure and management implications. Landscape and Urban Planning, 84: 62-73.

Helmer E H, Brandeis T J, Lugo A E, et al. 2008. Factors influencing spatial pattern in tropical forest clearance and stand age: implications for carbon storage and species diversity. Journal of Geophysical Research, 113: 1-14.

Hilker T, Wulder M A, Coops N C, et al. 2009. A new data fusion model for high spatial- and temporal-resolution mapping of forest disturbance based on Landsat and MODIS. Remote Sensing of Environment, 113: 1613-1627.

Houghton R A. 1994. The worldwide extent of land-use change. Bioscience, 44: 305.

Huang J L, Tu Z S, Lin J. 2009. Land-use dynamics and landscape pattern change in a coastal gulf region, Southeast China. International Journal of Sustainable Development & World Ecology, 16: 61-66.

Jiao Y, Hu H Q. 2005. Carbon storage and its dynamics of forest vegetations in Heilongjiang Province. Chinese Journal of Applied Ecology, 16: 2248-2252.

Jim C Y. 1989. Tree-canopy characteristics and urban development in Hong Kong. Geographical Review, 79: 210-225 .

Jones J P G. 2011. Monitoring species abundance and distribution at the landscape scale. Journal of Applied Ecology, 48: 9-13.

Josefsson T, Hornberg G, Ostlund L. 2009. Long-term human impact and vegetation changes in a boreal forest reserve: implications for the use of protected areas as ecological references. Ecosystems, 12: 1017-1036.

Joshi P K, Kumar M, Paliwal A, et al. 2009. Assessing impact of industrialization in terms of LULC in a dry tropical region(Chhattisgarh), India using remote sensing data and GIS over a period of 30 years. Environmental Monitoring and Assessment, 149: 371-376.

Karjalainen T. 1996. The carbon sequestration potential of unmanaged forest stands in Finland under changing climatic conditions. Biomass and Bioenergy, 10: 313-329.

Keitt T H, Urban D L, Milne B T. 1997. Detecting critical scales in fragmented landscapes. Ecology and Society, 1: 4.

Koerner B A, Klopatek J M. 2010. Carbon fluxes and nitrogen availability along an urban–rural gradient in a desert landscape. Urban Ecosystem, 3: 1-21.

Lal R, Kimble J, Follett R. 1998. Land use and soil C pool in terrestrial ecosystems. Management of Carbon Sequestration in Soil, 1: 1-10.

Lee H T, Feng F L. 2009. The vegetation carbon sequestration inventory system–an example of camphor tree in Taiwan. International Review of the Red Cross, 90(870): 399-407.

Lee S W, Lee M B, Lee Y G, et al. 2009. Relationship between landscape structure and burn severity at the landscape and class levels in Samchuck, South Korea. Forest Ecology and Management, 258: 1594-1604.

Lei X D, Tang M P, Lu Y C, et al. 2009. Forest inventory in China: status and challenges. International Forestry Review, 11: 52-63.

Li J, Song C, Cao L, et al. 2011. Impacts of landscape structure on surface urban heat islands: a case study of Shanghai, China. Remote Sensing of Environment, 115: 3249-3263.

Li M S, Huang C Q, Zhu Z L, et al. 2009. Assessing rates of forest change and fragmentation in Alabama, USA, using the vegetation change tracker model. Forest Ecology and Management, 257: 1480-1488.

Li M S, Mao L J, Zhou C G, et al. 2010. Comparing forest fragmentation and its drivers in China and the USA with Globcover v2.2. Journal of Environmental Management, 91: 2572-2580.

Li M S, Zhu Z L, Lu H, et al. 2008. Assessment of forest geospatial patterns over the three giant forest areas of China. Journal of Forestry Research, 19: 25-31.

Liu J X, Liu S G, Loveland T R. 2006. Temporal evolution of carbon budgets of the Appalachian forests in the U.S. from 1972 to 2000. Forest Ecology and Management, 222: 191-201.

Liu J Y. 1996. Macro-scale Survey and Dynamic Study of Natural Resources and Environment of China by Remote Sensing. Beijing: China Science and Technology Press.

Lu D S, Xu X F, Tian H Q, et al. 2010. The effects of urbanization on net primary productivity in southeastern China. Environmental Management, 46(3): 404-410.

MacDonald K, Rudel T K. 2005. Sprawl and forest cover: what is the relationship? Applied Geography, 25: 67-79.

Martin B A, Shao G F, Swihart R K, et al. 2008. Implications of shared edge length between land cover types for landscape quality: the case of Midwestern US, 1940–1998. Landscape Ecology, 23: 391-402.

McHale M R, Burke I C, Lefsky M A, et al. 2009. Urban forest biomass estimates: is it important to use allometric relationships developed specifically for urban trees? Urban Ecosystem, 12: 95-113.

McPherson E G, Nowak D J, Rowntree R A. 1994. Chicago's urban forest ecosystem: results of the Chicago urban forest climate project. United States Department of Agriculture Forest Service, 1: 1-201.

McPherson E G. 1997. Quantifying urban forest structure, function, and value: the Chicago urban forest climate project. Urban Ecosystems, 1: 49-61.

Mohamed M O S, Neukermans G, Kairo J G, et al. 2009. Mangrove forests in a peri-urban setting: the case of Mombasa(Kenya).Wetlands Ecol Manage, 17: 243-255.

Murphy M A, Evans J S, Storfer A. 2010. Quantifying Bufo boreas connectivity in Yellowstone National Park with landscape genetics. Ecology, 91: 252-261.

Nabuurs G J, Thurig E, Heidema N, et al. 2008. Hotspots of the European forests carbon cycle. Forest Ecology and Management, 256: 194-200.

Neilson E T, MacLean D A, Meng F R, et al. 2007. Spatial distribution of carbon in natural and managed stands in an industrial forest in New Brunswick, Canada. Forest Ecology and Management, 253: 148-160.

Nowak D J. 1994. Atmospheric carbon reduction by urban trees. Journal of Environmental Management, 37: 207-217.

Nowak D J, Crane D E. 2002. Carbon storage and sequestration by urban trees in the USA. Environmental Pollution, 116: 381-389.

Nowak D J, Greenfield E J. 2012. Tree and impervious cover change in US cities. Urban Forestry & Urban Greening, 11: 21-30.

Nowak D J, Hoehn R, Crane D E. 2007. Oxygen production by urban trees in the United States. Arboriculture & Urban Forestry, 33: 220-226.

Potter C, Gross P, Klooster S, et al. 2008. Storage of carbon in U.S. forests predicted from satellite data, ecosystem modeling, and inventory summaries. Climatic Change, 90: 269-282.

Qiu J. 2010. Q&A: Peter Hessler on urbanization in China. Nature, 464: 166.

Ren Y, Yan J, Wei X, et al. 2012. Effects of rapid urban sprawl on urban forest carbon stocks: integrating remotely sensed, GIS and forest inventory data. Journal of Environmental Management, 113: 447-455.

Robinson D T, Brown D G, Currie W S. 2009. Modelling carbon storage in highly fragmented and human-dominated landscapes: linking land-cover patterns and ecosystem models. Ecological Modelling, 220: 1325-1338.

Sanchez-Azofeizi G A, Castro-Esau K L, Kurz W A, et al. 2009. Monitoring carbon storages in the tropics and the remote sensing operational limitations: from local to regional projects. Ecological Applications, 19: 480-494.

Schimel D, Melillo J, Tian H. 2000. Contribution of increasing CO_2 and climate to carbon storage by ecosystems in the United States. Science, 287: 2004-2006.

Shao G F, Qian T J, Liu Y, et al. 2008. The role of urbanization in increasing atmospheric CO_2 concentrations: think globally, act locally. International Journal of Sustainable Development & World Ecology, 15: 302-308.

Sivrikaya F, Keleş G S. 2007. Spatial distribution and temporal change of carbon storage in timber biomass of two different forest management units. Environment Monitor Assessment, 132: 429-438.

Song C H, Woodcock C E. 2003. A regional forest ecosystem carbon budget model: impacts of forest age structure and landuse history. Ecological Modelling, 164: 33-47.

Styers D M, Chappelka A H, Marzen L J, et al. 2010. Scale matters: indicators of ecological health along the urban–rural interface near Columbus, Georgia. Ecological Indicators, 10: 224-233.

Tasser E, Ruffini F V, Tappeiner T. 2009. An integrative approach for analysing landscape dynamics in diverse cultivated and natural mountain areas. Landscape Ecol, 24: 611-628.

Theobald D M. 2004. Placing exurban land-use change in a human modification framework. Frontiers in Ecology and the Environment, 2: 139-144.

Thompson A W, Prokopy L S. 2009. Tracking urban sprawl: using spatial data to inform farmland preservation policy. Land Use Policy, 26: 194-202.

Tian Y, Jim C Y, Tao Y, et al. 2011. Landscape ecological assessment of green space fragmentation in Hong Kong. Urban Forestry & Urban Greening, 10: 79-86.

Uuemaa E, Roosaare J, Mander Ü. 2005. Scale dependence of landscape metrics and their indicatory value for nutrient and organic matter losses from catchments. Ecological Indicators, 5: 350-369.

van Nieuwenhuyse B H J, Antoine M, Wyseure G, et al. 2011. Pattern-process relationships in surface hydrology: hydrological connectivity expressed in landscape metrics. Hydrological Processes, 25: 3760-3773.

Wang R, Liu W, Xiao L, et al. 2011. Path towards achieving of China's 2020 carbon emission reduction target—a discussion of low-carbon energy policies at province level. Energy Policy, 39: 2740-2747.

Ward K T, Johnson G R. 2007. Geospatial methods provide timely and comprehensive urban forest information. Urban Forestry & Urban Greening, 6: 15-22.

Wijaya A, Kusnadi S, Gloaguen R, et al. 2010. Improved strategy for estimating stem volume and forest biomass using moderate resolution remote sensing data and GIS. Journal of Forestry Research, 21: 1-12.

Williams M, Schwarz P, Law B, et al. 2005. An improved analysis of vegetation carbon dynamics using data assimilation. Global Change Biology, 11: 89-105.

Wu J. 2010. Urban sustainability: an inevitable goal of landscape research. Landscape Ecology, 25(1): 1-4.

Wulder M A, White J C, Andrew M E. 2009. Forest fragmentation, structure, and age characteristics as a legacy of forest management. Forest Ecology and Management, 258: 1938-1949.

Wulder M A, White J C, Coops N C, et al. 2008. Multi-temporal analysis of high spatial resolution imagery for disturbance monitoring. Remote Sensing of Environment, 112: 2729-2740.

Wuyts K, Verheyen K, Schrijver A D, et al. 2008. The impact of forest edge structure on longitudinal patterns of deposition, wind speed, and turbulence. Atmospheric Environment, 42: 8651-8660.

Yolasiğmaz H A, Kele S. 2009. Changes in carbon storage and oxygen production in forest timber biomass of Balci Forest Management Unit in Turkey between 1984 and 2006. African Journal of Biotechnology, 8: 4872-4883.

Zhang C, Tian H Q, Pan S F, et al. 2008. Effects of forest regrowth and urbanization on ecosystem carbon storage in a rural-urban gradient in the southeastern United States. Ecosystem, 11: 1211-1222.

Zhang Y M, Zhou G Y, Wen D Z, et al. 2003. Dynamics of the *Castanopsis chinensis- Schima superba- Cryptocarya concinna* community of monsoon evergreen broadleaved forest in Dinghushan nature reserve in lower subtropical China. Acta Phytoecologica Sinica, 27: 256-262.

Zhao J Z, Dai D B, Lin T, et al. 2010a. Rapid urbanisation, ecological effects and sustainable city construction in Xiamen. International Journal of Sustainable Development & World Ecology, 17: 271-272.

Zhao M, Kong Z H, Escobedo F J, et al. 2010b. Impacts of urban forests on offsetting carbon emissions from industrial energy use in Hangzhou, China. Journal of Environmental Management, 91: 807-813.

Zhao S Q, Liu S, Li Z, et al. 2010c. A spatial resolution threshold of land cover in estimating terrestrial carbon sequestration in four counties in Georgia and Alabama, USA. Biogeosciences, 7: 71-80.

Zheng D, Linda S H, Ducey M J, et al. 2009. Relationships between major ownerships, forest aboveground biomass distributions, and landscape dynamics in the New England region of USA. Environmental Management, 45: 377-386.

第 2 章　城市行道树净化空气效益比较研究

2.1　概　　述

城市化与工业化对城市环境造成了巨大影响。伴随着工业废气、汽车尾气的排放及下垫面性质的改变，颗粒物已经成为城市最主要、危害最大的大气污染物之一。按粒径分，大气颗粒物可分为降尘和飘尘。降尘（dust fall）又称"落尘"，是指空气动力学当量直径大于 10 μm 的固体颗粒物，在空气中沉降较快，不易进入呼吸道，其自然沉降能力主要取决于自重和粒径大小。飘尘（floating dust）是指空气动力学当量直径小于 10 μm 的颗粒物，容易通过鼻腔和咽喉进入人体呼吸道内，也称作可吸入颗粒物（PM_{10}）。由于可吸入颗粒物的健康风险明显高于总悬浮颗粒物（TSP），美国国家环境保护局（EPA）于 1985 年将原来的大气环境监测颗粒物指标总悬浮颗粒物（TSP）项目修改为 PM_{10}。1997 年，为了降低细颗粒物对人体健康、环境和气候等的危害，EPA 再一次修改了大气质量标准。我国也在 1996 年颁布的《环境空气质量标准》（GB 3095—1996）中规定了 PM_{10} 的标准，并在空气质量日报中统一采用 PM_{10} 指标。

城市植物能够对一定范围内空气中的粉尘起到净化作用，不同植物的滞尘能力和滞尘量存在差异，不同功能区植物滞尘量差异显著，排序为：工业区>商业交通区>居住区>清洁区。不同森林结构类型间植物滞尘能力也存在显著的差异，由乔灌草构成的合理绿化结构，能充分利用空间，最大限度地提高绿地上的绿量，具有较好的滞尘效益。树种间滞尘能力的差异与叶片的形态结构有重要关系。叶片的大小、粗糙程度，以及上下表皮具有毛的形状、数量是造成滞尘能力差异的主要因素。叶面粗糙有皱褶的植物有较强的吸附粉尘的能力，而叶片光滑无皱褶的植物滞尘能力就相对较弱。植物一方面可以净化大气颗粒污染物，另一方面也受到颗粒物的胁迫影响。城市中严重的大气污染很容易影响城市植被的各项生理过程及其生长格局，使之呈现出不同程度的受害症状，甚至枯萎或死亡。

综上所述，过去关于植物叶片滞尘的研究主要集中在植物滞尘量的测定与计算、不同物种滞尘量的比较等方面，关于叶面尘理化性质的研究还较为缺乏，不同树种叶面尘理化性质的比较也鲜有涉及。目前关于大气颗粒物物理化学特性的研究思路和方法已经比较成熟，借鉴这些思路和方法对叶面尘进行深入研究有助于进一步揭示植物滞尘过程与机制等重要问题，为优化城市绿化树种提供科学依据。

2.2　行道树杧果和高山榕叶面尘理化特性研究

2.2.1　研究方法

1. 研究区与受试植株的确定

在对厦门市近 40 条主要交通道路两侧种植的杧果和高山榕叶片采集并测定滞尘量的基础上，选取了文教区（厦门大学；24°26′20″N，118°05′50″E）、工业区（沧虹路；24°29′49″N，118°02′03″E）、商贸区（仙岳路；24°29′35″N，118°06′44″E）及农业区（汀溪水库；24°47′43″N，118°08′32″E）4 个典型功能区样点，并对这 4 个样点的杧果和高山榕叶面尘的粒径分布、水溶性离子组分和重金属元素含量等理化性质进行进一步分析。受试植株要求生长状况良好，株龄或胸径相近。

2. 采样方法

一般认为，在风速大于 17 m/s 或降雨量大于 15 mm 的条件下，植物叶片表面的降尘可以被冲刷干净并开始新的滞尘周期。因此本研究于 2009 年 9 月至 2010 年 7 月选择雨后 7 天且晴朗微风的天气下连续两天，在厦门市种植有杧果和高山榕的主要道路两侧进行叶片采样收集。采集成熟健康的叶片，每个样点 60～100 片树叶，树冠上、中、下及各方向都进行收集。采样过程中均戴上聚乙烯塑料手套，样品采集后放入自封袋中，同时标记好采样的时间和地点，带回实验室进行进一步实验分析。

3. 滞尘量测定

将叶片浸泡于装有蒸馏水的塑料盒内，超声清洗 15 min 后辅以软毛刷刷去叶片表面灰尘。清洗液用已编号并烘干称重（W_1）的滤纸过滤，过滤后将滤纸置于烘箱中 70℃烘干 24 h，用精度为万分之一的天平称重（W_2）。用打孔称重法测定叶面积（A）。W_2-W_1 即为叶片表面附着颗粒物重量，单位面积滞尘量 Ld 的计算公式为：Ld=（W_2–W_1）/A。每个样品做三份平行样。

4. 叶面尘粒径测定

用少量的蒸馏水清洗采集的叶片样品，得到叶面尘浊液，接下来使用激光粒径仪对叶面尘的悬浮液进行粒径分析。仪器的粒径测定范围为 0.02～2000 μm，主光源采用波长为 633 nm 的 He-Ne 激光器，辅光源采用波长为 466 nm 的蓝光固体光源红光，参数设定中分散剂名称选择水，颗粒物折射率为 1.52，颗粒吸收指数为 0.1，分散剂折射率为 1.33，遮光度为 10%～20%。本研究对每个叶面尘的悬浮液样品进行 3 次测量，所得测量结果均值误差允许范围之内，即 d（0.5）的误差小于 3，d（0.1）和 d（0.9）的误差小于 6，且残差小于 1。

5. 叶面尘重金属元素含量的测定

1）将 0.45 μm 微孔滤膜编号，微孔滤膜烘干至恒重后称重。

2）用去离子水超声荡洗叶片 20 min，辅以毛刷刷去表面灰尘。

3）将悬浮液用 0.45 μm 微孔滤膜过滤，烘干至恒重后称重，装入自封袋，存放于干燥器中，叶片擦干后称重。

4）洗净的叶片置烘箱中烘干至恒重后称重，用研钵研磨成粉末过 60 目筛，装入自封袋保存于干燥器中备用。

5）微孔滤膜消解：将微孔滤膜放入干净消解罐中，加入少许水润湿，再依次加入 2 mL 硝酸、6 mL 盐酸、0.25 mL 过氧化氢，轻轻摇动消解罐，使样品完全被酸浸没。放置一段时间后放入 CEM MARS 消解仪中进行微波消解，消解罐对称放置，设置消解程序。消解完毕后，待消解罐冷却，将消解液过滤并定容至 50 mL 待测。

6）所有稀释后的消解液经 0.22 μm 水相滤头过滤后转移至 15 mL 离心管。使用 Agilent 7500cs 电感耦合等离子体发射质谱仪（ICP-MS）测量叶面尘消解液及叶片重金属含量。本研究测定了 Ti、Cr、Mn、Fe、Ni、Cu、Zn、As、Cd、Ba、Hg、Pb 等共 12 种重金属元素的含量。

6. 水溶性离子的测定

取叶片浸泡于装有去离子水的塑料盒内，超声清洗 20 min，辅以毛刷（事先用去离子水清洗）刷去表面细尘，所得悬浊液用去离子水定容至 100 mL。摇匀后静置，用 1 mL 一次性针管抽取上层清液，经 0.45 μm 微孔滤头将液体转移至 2 mL

的进样瓶中进行离子色谱（美国戴安公司，ICS-3000 型）分析，同时做两份空白样品。标准曲线相关系数达到 0.999 以上。测定的 10 种水溶性离子为 F^-、Cl^-、NO_2^-、NO_3^-、SO_4^{2-}、Na^+、K^+、NH_4^+、Ca^{2+}、Mg^{2+}。

7. 数据处理方法

本研究主要使用 Excel 2003、Sigmaplot 11.0 和 SPSS 17.0 软件进行数据处理和分析。其中大部分图表及计算通过 Excel 2003 和 Sigmaplot 11.0 完成，单因子方差分析、Pearson 相关性分析、因子分子等统计分析过程利用 SPSS 17.0 完成。

2.2.2 案例结果分析与讨论

1. 行道树杧果与高山榕滞尘量比较研究

1）厦门市杧果和高山榕行道树单位叶面积滞尘量为 0.3562～4.8073 g/m²。滞尘量较大的道路基本都是厦门市主要交通干道或者位于工业区附近。各街道滞尘量的差异很可能是近地面局地污染程度不同造成的。

2）杧果和高山榕叶片平均滞尘量分别为（2.2020±1.08）g/m² 和（1.2979±0.61）g/m²，杧果叶片平均滞尘能力显著大于高山榕（$P<0.05$）。

3）文教区（XD）、商贸区（XY）、工业区（CH）和农业区（TX）四个典型功能区样点的滞尘量基本变化趋势为商贸区、工业区大于文教区和农业区。杧果和高山榕的滞尘量在一定程度上受到大气总悬浮颗粒物浓度的影响。但由于采样高度及采样时间等因素的影响，杧果和高山榕的滞尘量与 TSP 变化趋势存在一定差异。

2. 杧果和高山榕叶面尘粒径分析

1）杧果和高山榕叶面尘主要为 10～100 μm 的颗粒物，体积百分比基本都在 50% 以上。这说明杧果和高山榕对悬浮颗粒物的吸附能力较好。

2）杧果和高山榕叶片对可吸入颗粒物有一定的吸附能力。杧果叶面尘中 2.5 μm 以下和 10 μm 以下的颗粒物体积百分比分别为 1.52%～8.91% 和 5.77%～33.28%，高山榕叶面尘分别为 1.57%～3.68% 和 7.45%～14.16%（表 2-1，表 2-2，图 2-1）。

表 2-1　杋果和高山榕叶面尘粒径微分布特征

树种	研究区	粒径范围体积百分比/%			
		<2.5 μm	2.5~10 μm	10~100 μm	>100 μm
杋果	厦门大学 XD	8.91	24.37	60.0799	6.63
	沧虹路 CH	1.78	5.05	75.1003	18.07
	仙岳路 XY	1.52	4.25	21.0731	73.14
	汀溪 TX	2.06	8.77	54.3891	34.78
高山榕	厦门大学 XD	2.76	7.49	78.5763	11.16
	沧虹路 CH	3.68	10.48	81.5149	4.32
	仙岳路 XY	3.01	8.68	73.0640	15.25
	汀溪 TX	1.57	5.88	85.8541	6.69

表 2-2　厦门市不同功能区杋果和高山榕单位叶面积滞尘量

树种	杋果				高山榕			
研究区	XD	CH	XY	TX	XD	CH	XY	TX
单位叶面积滞尘量 / (g/m^2)	1.027	1.707	1.814	1.793	1.091	1.173	1.344	0.818

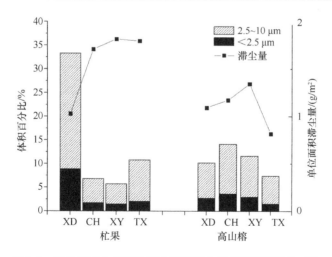

图 2-1　杋果和高山榕滞尘能力和叶面尘粒径体积百分比对比

3）杋果叶片表面较粗糙，易附着颗粒物，这可能是其单位面积滞尘量比高山榕大的原因。而高山榕叶表面较光滑，主要依靠细胞壁间沟状结构截留降尘，因此其叶面尘中细小颗粒物比重较高（图 2-2）。高山榕叶面尘粒径整体比杋果小，可吸入颗粒物比重也高于杞果叶面尘。这说明滞尘量高并不代表能吸附更多的可吸入颗粒物，因此今后结合粒径特征指标进行树种滞尘效应的评价能更好地反映城市植被的环境健康效益。

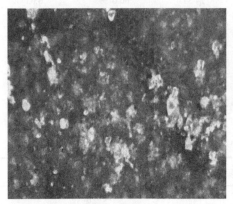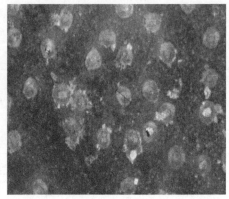

图 2-2 杞果（左图）和高山榕（右图）叶片表面滞尘情况（彩图请扫封底二维码查看）

3. 叶面尘与叶片重金属元素分析

1）高山榕叶面尘中 Ti、Mn、Zn 的含量高于杞果，而 Hg 的含量为杞果显著高于高山榕。在 $\alpha=0.05$ 的显著水平上两植物叶面尘中其他元素含量差异不显著。这表明高山榕对 Ti、Mn、Zn 的吸附能力较强，杞果对 Hg 的吸附能力较强。从总体上看，商贸区（XY）和工业区（CH）的叶面尘重金属浓度高于文教区（XD）和农业区（TX），这也反映出商贸区和工业区的重金属污染相对严重（图 2-3）。

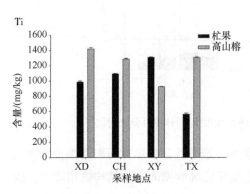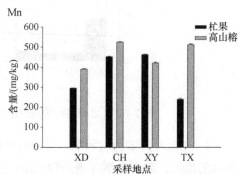

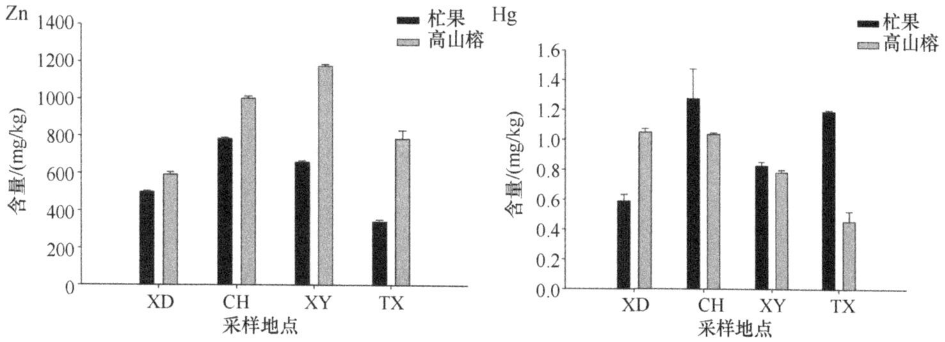

图 2-3　杧果和高山榕叶面尘典型重金属含量差异比较

XD. 文教区；CH. 工业区；XY. 商贸区；TX. 农业区

2）地质积累指数和潜在生态风险指数分析结果显示，厦门市杧果和高山榕叶面尘中 Cu、Cd 和 Hg 的污染程度和潜在生态风险均十分严重，这也导致叶面尘综合生态风险处于极高水平。杧果和高山榕叶面尘中 Cu、Cd 和 Hg 的沉积物重金属富集程度较高，则说明杧果和高山榕叶片吸附 Cu、Cd 和 Hg 等重金属能力较强，表现出良好的生态效益，也反映出厦门市空气粉尘中 Cu、Cd 和 Hg 的浓度较高，污染程度不容忽视。除商贸区（XY）以外，各样点杧果叶面尘的多种重金属潜在生态风险指数（RI）高于高山榕，这也意味着杧果叶片对有害重金属的滞尘生态效益在一定程度上强于高山榕，可以考虑在 Hg 污染较严重的地区多种植杧果。

3）厦门市行道树杧果和高山榕叶面尘中重金属的来源主要有三大类：第一类为交通和工业源；第二类为自然源；第三类为燃烧源。治理 Cu、Cd、Hg 高污染并降低其生态风险，可以从控制工业源和燃烧源着手。

4）以往关于植物对重金属污染指示作用的研究，多是对 TSP（或 PM_{10}）与叶片中重金属元素含量进行分析，而本研究采用叶面尘替代大气颗粒物能够更加直观地反映植物叶片对重金属胁迫的生理生化响应。结果显示，杧果叶片对重金属的积累能力较强，但叶片与叶面尘重金属含量的相关系数较低，不适合定量反映叶面尘污染状况。高山榕则更适合用于生物监测 Mn、As①、Ba、Pb 等重金属元素，其叶片与叶面尘重金属含量相关性较好。

4. 叶面尘水溶性离子含量分析

水溶性离子测定结果显示，K^+、Ca^{2+}、SO_4^{2-}、Na^+占叶面尘质量比重较大，水溶性阳离子 NH_4^+在叶面尘样品中未检出。杧果和高山榕叶面尘水溶性离子的主

① As 的化合物具有金属性质，因此将其看作重金属元素

要来源基本一致，可能是机动车尾气、海盐颗粒及燃煤颗粒。高山榕叶片对自然源及机动车尾气排放产生的颗粒物阻滞能力要强于杧果叶片。

2.3 大气 TSP 污染对行道树杧果光合生理的胁迫作用

城市行道树由于其所处的特殊生境，在净化城市大气环境、减缓颗粒物污染方面发挥着巨大的作用，但同时也受到颗粒物的胁迫作用。国内外对城市植被的滞尘机制和滞尘能力等都已经做了大量的研究，但对城市绿化树种在大气颗粒物污染下各项光合生理指标（如净光合速率、气孔导度、蒸腾速率等）响应机制的研究还非常少。本节以厦门市目前一种主要的行道树——杧果（*Mangifera indica*）作为研究对象，通过监测 4 个不同研究区的大气 TSP 污染现状及杧果的多项光合生理参数，进而对厦门市大气 TSP 污染对杧果的光合生理胁迫作用展开研究。

2.3.1 研究方法

2.3.1.1 试验地点的选取

本研究在厦门市选取 4 个不同研究区，分别为：海沧工业区（海沧鹭联宾馆及附近海发路）、湖里仙岳商贸区（仙岳小区及仙岳路）、厦门大学文教区（厦门大学校园）及同安汀溪清洁对照区（汀溪水库）。各研究区所选道路路面状况及道路旁土壤环境基本一致。

2.3.1.2 采样树种

杧果作为厦门市的主要行道树之一，其分布范围广，在厦门大学校园、仙岳商贸区及海沧工业区的主要干道两侧均有种植，且多为成龄且长势等基本一致的植株，现场测定时所选植株胸径为 18～22 cm，树高 4～6 m，冠幅 3～5 m；汀溪作为清洁对照区，由于保护良好，区内多为原生灌木和高大乔木，杧果植株稀少，受现实条件的限制，研究时选定的对照样本植株胸径及树龄相对较大，并发现有轻微的病虫害情况。

2.3.1.3 测试内容

（1）大气 TSP 浓度测定

2009 年 4 月 17 日至 5 月 1 日于无雨天气采用 TH-1000C 型大容量 TSP 采样

器对四 4 个研究区进行大气 TSP 样品采集，采样高度距地面 100 cm 左右，采样流量为 1000 L/min，24 h 一个样品，每个研究区采集 2 个样品。大气 TSP 的浓度：

$$C_{\text{TSP}} = \frac{W}{Q_{\text{N}} \times t} \tag{2-1}$$

式中，W 为样品经滤膜过滤后的总悬浮颗粒物质量（mg）；t 为采样时间（min）；Q_{N} 为标准状态下的采样流量（L/min）。

（2）杞果光合生理参数的测定

采用美国 LI-COR 公司生产的 Li-6400XT 便携式光合作用测定系统对杞果的光合生理参数进行测定。测定叶片的净光合速率（Pn）、气孔导度（Gs）、胞间 CO_2 浓度（Ci）、蒸腾速率（Tr）等指标；仪器同时将记录如下环境因子：光合作用有效辐射（PAR）、空气温度（Ta）、叶片与空气间的水汽压亏损（Vpd）、大气 CO_2 浓度（Ca）、相对空气湿度（RH）等。

2.3.1.4　数据统计分析方法

所有数据及图表均使用 Excel 2003 和 SPSS 16.0 统计软件进行整理和分析。

2.3.2　案例结果分析

（1）不同研究区杞果光合生理参数比较

净光合速率、气孔导度和蒸腾速率均与大气 TSP 浓度呈现出极显著的负相关关系，决定系数 R^2 分别达到 0.9777、0.9708 和 0.9973，而胞间 CO_2 浓度与大气 TSP 浓度间的相关性则相对较差，R^2 仅为 0.6131（表 2-3，图 2-4～图 2-7）。

表 2-3　杞果各项气体交换参数与大气 TSP 浓度间的相关分析

因变量 y	自变量 x	线性拟合关系式	相关系数
净光合速率 Pn/［μmol CO_2/（m²·s）］		$y=-22.81x+8.263$	$R^2=0.9777$
气孔导度 Gs/［mol H_2O/（m²·s）］	大气 TSP 浓度/（mg/m³）	$y=-0.4793x+0.135$	$R^2=0.9708$
胞间 CO_2 浓度 Ci/（μmol CO_2/mol）		$y=-328.88x+284.76$	$R^2=0.6131$
蒸腾速率 Tr［mmol H_2O/（m²·s）］		$y=-18.7057x+4.9549$	$R^2=0.9973$

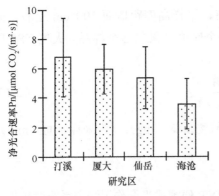

图 2-4 四个研究区杜果净光合速率比较

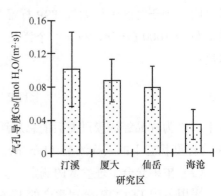

图 2-5 四个研究区杜果气孔导度比较

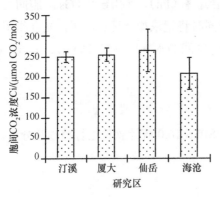

图 2-6 四个研究区杜果胞间 CO_2 浓度比较

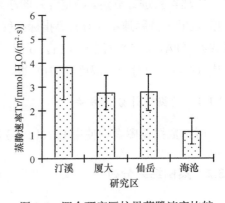

图 2-7 四个研究区杜果蒸腾速率比较

（2）杜果各光合生理参数与微环境因子间的相关分析

光合有效辐射与气孔导度、胞间 CO_2 浓度及蒸腾速率都有较显著的相关性；空气温度与气孔导度及蒸腾速率表现出一定的正相关关系；大气 CO_2 浓度、空气相对湿度及气温下蒸气压亏缺与杜果各光合生理参数未表现出显著的相关性特征（表 2-4）。

表 2-4 杜果光合生理参数与各环境因子间的 Pearson 相关分析

气体交换参数	环境因子	C_{TSP}	T_{air}	Ca	PAR	RH	Vpd
Pn	Pearson 相关系数	−0.507**	0.283	−0.032	0.258	−0.143	−0.019
	Sig.(2-tailed)	0.001	0.073	0.841	0.104	0.372	0.904
Gs	Pearson 相关系数	−0.643**	0.378*	−0.211	0.421	−0.150	0.045
	Sig.(2-tailed)	0.000	0.015	0.186	0.006	0.348	0.781

续表

气体交换参数	环境因子	C_{TSP}	T_{air}	Ca	PAR	RH	Vpd
Ci	Pearson 相关系数	−0.437[**]	0.298	−0.191	0.485[**]	0.059	0.044
	Sig.(2-tailed)	0.004	0.058	0.232	0.001	0.716	0.786
Tr	Pearson 相关系数	−0.750[**]	0.542[**]	−0.214	0.467[**]	−0.085	0.251
	Sig.(2-tailed)	0.000	0.000	0.179	0.002	0.596	0.114

[**]相关系数在 0.01 水平上显著（双尾）；[*]相关系数在 0.05 水平上显著（双尾）

（3）杧果各光合生理参数变化主导因素分析

气孔导度是反映植物进行光合作用、呼吸作用、蒸腾作用时气体（CO_2 和水汽等）交换能力的一个极其重要的参数。本研究中，随着大气 TSP 污染的加重，4 个研究区杧果叶片气孔导度不断降低，二者呈现极显著的负相关关系。

（4）小结

大气 TSP 污染会抑制杧果的光合作用，高浓度的 TSP 污染更会阻塞植物气孔而直接导致其光合作用强度降低。

2.4　不同生境下绿化树种光合作用的日变化特性分析

光合作用是植物的一种重要生理过程，是太阳辐射能进入生态系统并转化为化学能的主要形式，也是制约生态系统生物生产力最重要的生理过程。目前，绿化树种的生理特性，特别是光合特性受到人们的关注。城市绿化树种由于受到人为支配和干扰，特别是光照、水分和大气污染等因素的影响，其生理生态特征发生了变化。本节通过对不同生境条件下树种光合特性的测定与分析，探讨其对环境的适应性及不同树种间的差异，为绿化树种的健康经营管理提供理论基础，也为城市森林生态效益的定量化研究和城市森林绿化树种的合理配置及其规划建设提供科学依据。

2.4.1　研究方法

（1）试验地设置

试验地设置于厦门环岛路和湖滨北路。环岛路上的树种可全天候受光，仅受海风及土壤盐分胁迫的影响，而湖滨北路受到周围高楼建筑遮挡，树种到早上 10 点左右才完全受光。[全天候受光对比部分时段受光]

（2）树种选择

两处试验地共同测定的树种有：小叶榕（*Ficus microcarpa* var. *pusillifolia*）、羊蹄甲（*Bauhinia blakeana*）、加拿利海枣（*Phoenix canariensis*）和鸡冠刺桐（*Erythrina variegata*），环岛路另测定了黄金榕（*Ficus microcarpa*）、高山榕（*Ficus altissima*），湖滨北路测定了变叶木（*Codiaeum variegatum*）、花叶假连翘（*Duranta repens*）及红背桂（*Excoecaria cochinchinensis*）。

（3）光合作用测定

在 2008 年 12 月上中下旬各选取 1 天（晴天）进行测定，每个树种各选取 5 片成熟叶片作为样品，利用便携式 LI-6400 光合测定仪在 8：00～16：00 间隔 2h 测定一次，测定指标包括：净光合速率[Pn，μmol/（m^2·s）]、气孔导度[Gs，mmol/（m^2·s）]、胞间 CO_2 浓度（Ci，μmol/mol），光能利用率（LUE）用公式"光能利用率＝净光合速率/光合有效辐射"进行计算，LUE 反映了植物对光强的利用能力。

（4）数据统计及图表

采用 Excel 软件进行数据图表处理。

2.4.2 案例结果分析

（1）不同绿化树种净光合速率（Pn）日变化分析

从总体上看，在环岛路上不受遮挡的绿化树种一般是单峰曲线，在 10 点净光合速率达到最高点的有小叶榕、羊蹄甲、高山榕，在 12 点净光合速率达到最高点的有鸡冠刺桐、加拿利海枣，唯有黄金榕净光合速率稳步上升，在下午 2 点才达到最高点，随后逐渐降低。在湖滨北路的绿化树种一般呈现双峰曲线，8 点达到第一个高点，10 点出现低谷，如羊蹄甲、小叶榕、红背桂和变叶木，具体原因是植物长期受到建筑遮挡的影响，在生理上逐渐适应外界环境而发生变化，光合作用在弱光下才能正常进行，随着光照强度逐渐增加，反而导致气孔导度降低，气孔限制值增大，引起了光合速率的降低，出现了类似"午休"现象，而后植物逐渐适应了在强光照下进行光合作用，光合速率先后达到高峰状态，但不同树种的生理习性不一样，净光合速率出现分化，小叶榕、羊蹄甲在 12 点至下午 2 点之间持续维持高峰状态，而红背桂、变叶木净光合速率又逐渐稳步上升，在 12 点出现"午休"现象，下午 2 点达到最高点，而后均逐渐下降。从净光合利用率大小上看，乔木树种鸡冠刺桐、加拿利海枣、羊蹄甲净光合速率总体较高，而灌木树种黄金榕、变叶木、红背桂净光合速率较低（图 2-8，图 2-9）。

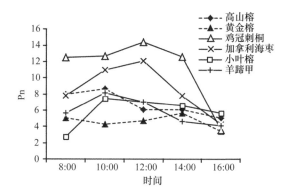

图 2-8　厦门环岛路不同树种净光合速率日变化图

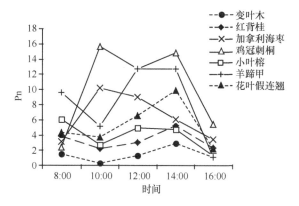

图 2-9　厦门湖滨北路不同绿化树种净光合速率日变化图

（2）不同绿化树种光能利用率（LUE）日变化分析

不同绿化树种的光能利用率与净光合速率主要呈现反比现象。从图 2-10 中可看出，在环岛路上不同树种充分进行光合作用条件下，其光能利用率主要呈 "U" 形曲线，即两头高，中间低，如加拿利海枣、鸡冠刺桐、高山榕和羊蹄甲，仅小叶榕和黄金榕呈 "L" 形曲线。在湖滨北路，不同树种由于受到光线不同方位遮挡的影响，为了适应外部胁迫环境，其生理习性发生了变化，呈现多种变化曲线（图 2-11）。鸡冠刺桐和羊蹄甲呈现 "M" 形或 "W" 形曲线，即光能利用率强弱交替出现。

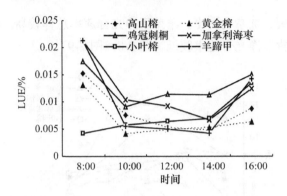

图 2-10　厦门环岛路不同绿化树种光能利用率日变化图

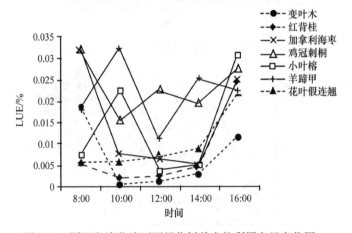

图 2-11　厦门湖滨北路不同绿化树种光能利用率日变化图

从整体上看，不同绿化树种由于受到城市环境，如城市土壤、水分状况、高温胁迫、光线抑制及植物生长阶段等方面的影响，不同树种的光能利用率有差别。光能利用率较强的树种有加拿利海枣、鸡冠刺桐、羊蹄甲，居中的主要有小叶榕、高山榕、花叶假连翘，光能利用率较低的如黄金榕、红背桂、变叶木。

（3）不同绿化树种气孔导度（Gs）日变化分析

从图 2-12、图 2-13 可看出，多数所观测的树种胞间 CO_2 浓度呈现中间低（12 点达到最低），而两端高的趋势，即"V"形曲线，主要是因为 12 点时光照强度大，净光合效率高，固定的 CO_2 较多，而早晚两个时间段由于光线较弱，净光合效率低，CO_2 消耗较低，导致胞间 CO_2 浓度增加。

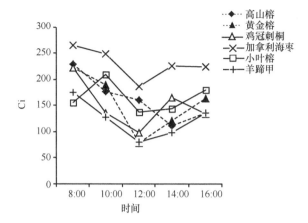

图 2-12　厦门环岛路不同绿化树种胞间 CO_2 浓度变化图

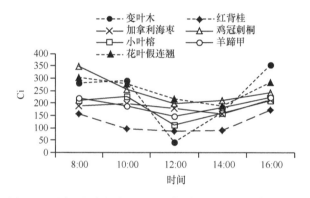

图 2-13　厦门湖滨北路不同绿化树种胞间 CO_2 浓度变化图

参 考 文 献

陈能汪, 李焕承, 王莉红. 2009. 生态系统服务内涵、价值评估与 GIS 表达. 生态环境学报, 18: 1987-1994.

戴锋, 刘剑秋, 方玉霖, 等. 2010. 福建师范大学旗山校区主要绿化植物的滞尘效应. 福建林业科技, 37: 53-58.

狄一安, 杨勇杰, 周瑞, 等. 2013. 北京春季城区与远郊区不同大气粒径颗粒物中水溶性离子的分布特征. 环境化学, 32: 1604-1610.

苟亚清, 张清东. 2008. 道路景观植物滞尘量研究. 中国城市林业, 6: 59-61.

郭二果, 王成, 郄光发, 等. 2013. 北方地区典型天气对城市森林内大气颗粒物的影响. 中国环境科学, 33: 1185-1198.

黄慧娟, 袁玉欣, 杜炳新, 等. 2008. 保定 5 种主要绿化树种叶片滞尘对气体交换特征的影响.

西北林学院学报, 23: 50-53.

李少宁, 王兵, 郭浩, 等. 2007. 大岗山森林生态系统服务功能及其价值评估. 中国水土保持科学, 5: 58-64.

蔺银鼎, 武小刚, 郝兴宇, 等. 2011. 城市机动车道颗粒污染物扩散对绿化隔离带空间结构的响应. 生态学报, 31(21): 6561-6567.

刘旭辉, 余新晓, 张振明, 等. 2014. 林带内 PM_{10}, $PM_{2.5}$ 污染特征及其与气象条件的关系. 生态学杂志, 33: 1715-1721.

栾金花. 2008. 干旱胁迫下三江平原湿地毛苔草光合作用日变化特性研究. 湿地科学, 6: 223-228.

罗顺. 2007. 厦门市行道树结构特征研究. 福建林业科技, 34: 224-227.

邱媛, 管东生, 宋巍巍, 等. 2008. 惠州城市植被的滞尘效应. 生态学报, 28: 2455-2462.

宋英石. 2015. 北京空气细颗粒物污染特征及常见绿化树种滞尘效应研究. 北京: 中国科学院大学博士学位论文.

王华, 鲁绍伟, 李少宁, 等. 2013. 可吸入颗粒物和细颗粒物基本特征, 监测方法及森林调控功能. 应用生态学报, 24: 869-877.

王会霞, 石辉, 张雅静, 等. 2015. 大叶女贞叶面结构对滞留颗粒物粒径的影响. 安全与环境学报, 15: 258-262.

王磊, 黄利斌, 万欣, 等. 2016. 城市森林对大气颗粒物(尤其 $PM_{2.5}$)调控作用研究进展. 南京林业大学学报(自然科学版), (5): 148-154.

王同桂. 2007. 重庆市大气 $PM_{2.5}$ 污染特征及来源解析. 重庆: 重庆大学硕士学位论文: 45.

王赞红, 李纪标. 2006. 城市街道常绿灌木植物叶片滞尘能力及滞尘颗粒物形态. 生态环境, 15: 327-330.

徐胜, 何兴元, 陈玮, 等. 2009. 高浓度 O_3 对树木生理生态的影响. 生态学报, 29: 368-377.

仪慧兰, 李利红, 仪民. 2009. 二氧化硫胁迫导致拟南芥防护基因表达改变. 生态学报, 29(4): 1682-1687.

于裕贤. 2010. 厦门市行道树芒果对大气颗粒物污染的响应及其生态系统服务功能初探. 厦门: 中国科学院城市环境研究所: 31-32.

赵金平, 张福旺, 徐亚, 等. 2010. 滨海城市不同粒径大气颗粒物中水溶性离子的分布特征. 生态环境学报, 19: 300-306.

Bekesiova B, Hraska S, Libantova J, et al. 2008. Heavy-metal stress induced accumulation of chitinase isoforms in plants. Molecular Biology Reports, 35: 579-588.

Brychkova G, Xia Z L, Yang G H, et al. 2007. Sulfite oxidase protects plants against sulfur dioxide toxicity. Plant Journal, 50: 696-709.

Bussotti F. 2008. Functional leaf traits, plant communities and acclimation processes in relation to oxidative stress in trees: a critical overview. Global Change Biology, 14: 2727-2739.

Cavanagh J A E, Zawar-Reza P, Wilson J G. 2009. Spatial attenuation of ambient particulate matter air pollution within an urbanised native forest patch. Urban Forestry & Urban Greening, 8:

21-30.

Clemens S. 2006. Toxic metal accumulation, responses to exposure and mechanisms of tolerance in plants. Biochimie, 88: 1707-1719.

Dzierżanowski K, Popek R, Gawrońska H, et al. 2011. Deposition of particulate matter of different size fractions on leaf surfaces and in waxes of urban forest species. International Journal of Phytoremediation, 13: 1037-1046.

Grantz D A, Gunn S, Vu H B. 2006. O_3 impacts on plant development: a meta-analysis of root/shoot allocation and growth. Plant Cell and Environment, 29: 1193-1209.

Hwang H J, Yook S J, Ahn K H. 2011. Experimental investigation of submicron and ultrafine soot particle removal by tree leaves. Atmospheric Environment, 45: 6987-6994.

Li L, Wang W, Feng J, et al. 2010. Composition, source, mass closure of $PM_{2.5}$ aerosols for four forests in eastern China. Journal of Environmental Sciences, 22: 405-412.

Liu L, Guan D, Peart M R. 2012. The morphological structure of leaves and the dust-retaining capability of afforested plants in urban Guangzhou, South China. Environmental Science and Pollution Research, 19: 3440-3449.

Liu X, Yu X, Zhang Z. 2015. $PM_{2.5}$ concentration differences between various forest types and its correlation with forest structure. Atmosphere, 6: 1801-1815.

Maksymiec W. 2007. Signaling responses in plants to heavy metal stress. Acta Physiologiae Plantarum, 29: 177-187.

Paoletti E. 2006. Impact of ozone on Mediterranean forests: a review. Environmental Pollution, 144: 463-474.

Paoletti E, Ferrara A M, Calatayud V, et al. 2009. Deciduous shrubs for ozone bioindication: *Hibiscus syriacus* as an example. Environmental Pollution, 157: 865-870.

Prajapati S K, Tripathi B D. 2008. Seasonal variation of leaf dust accumulation and pigment content in plant species exposed to urban particulates pollution. Journal of Environmental Quality, 37: 865-870.

Rai A, Kulshreshtha K, Srivastava P, et al. 2010. Leaf surface structure alterations due to particulate pollution in some common plants. The Environmentalist, 30: 18-23.

Rasheed A, Aneja V P, Aiyyer A, et al. 2015. Measurement and analysis of fine particulate matter($PM_{2.5}$)in urban areas of Pakistan. Aerosol Air Quality Research, 15: 426-439.

Rodríguez-Germade I, Mohamed K J, Rey D, et al. 2014. The influence of weather and climate on the reliability of magnetic properties of tree leaves as proxies for air pollution monitoring. Science of the Total Environment, 468: 892-902.

Saebo A, Popek R, Nawrot B, et al. 2012. Plant species differences in particulate matter accumulation on leaf surfaces. Science of the Total Environment, 427: 347-354.

Schaubroeck T, Deckmyn G, Neirynck J, et al. 2014. Multilayered modeling of particulate matter removal by a growing forest over time, from plant surface deposition to washoff via rainfall. Environmental Science & Technology, 48: 10785-10794.

Swanepoel J W, Kruger G H J, van Heerden P D R. 2007. Effects of sulphur dioxide on photosynthesis in the succulent *Augea capensis* Thunb. Journal of Arid Environments, 70: 208-221.

Tang Y T, Qiu R L, Zeng X W, et al. 2009. Lead, zinc, cadmium hyperaccumulation and growth stimulation in *Arabis paniculata* Franch. Environmental and Experimental Botany, 66: 126-134.

Terzaghi E, Wild E, Zacchello G, et al. 2013. Forest filter effect: role of leaves in capturing/releasing air particulate matter and its associated PAHs. Atmospheric Environment, 74: 378-384.

Tong D Q, Mathur R, Kang D W, et al. 2009. Vegetation exposure to ozone over the continental United States: assessment of exposure indices by the Eta-CMAQ air quality forecast model. Atmospheric Environment, 43: 724-733.

Zinser C, Seidlitz H K, Welzl G, et al. 2007. Transcriptional profiling of summer wheat, grown under different realistic UV-B irradiation regimes. Journal of Plant Physiology, 164: 913-922.

第3章 城市森林冷岛效应影响因子研究

3.1 概　　述

城市化通过改变城市生态系统的结构、功能和过程影响城市生态环境质量。急剧变化的地表覆被类型和水土物化性质造成大气间的水分与能量物质交换过程发生转变，从而影响城市热环境系统，由此引发一系列生态环境安全问题，成为制约城市可持续发展的瓶颈。城市森林可以通过植被叶片的蒸腾作用和阻挡太阳辐射作用，减少城市辐射热和相邻物体的反射热。因此，作为城市自然生产力的主体，城市森林在缓解城市热岛效应中扮演着极其重要的角色。如何保证城市森林充分发挥降温效应以改善城市环境质量，成为城市建设与布局需考虑的迫切问题。系统研究城市森林冷岛效应（由于城市森林景观特性与周围景观特性不同，造成温度比周围城市区域温度低的现象），不仅对于城市热环境研究具有重要价值，而且在城市规划、环境保护、能源节约利用和居民生活健康等方面都具有重要意义。

不同因素对城市森林冷岛效应（又称为降温效应）的影响差异显著，探明城市森林冷岛效应复杂的驱动机制是提升降温效果的关键。众多研究已证实城市森林陆地表面温度明显低于周边区域，而且降温效应与城市森林的类型组成（树种类型、林龄、郁闭度等）、空间配置（形状、面积等）密切相关。大量学者在样地和城市尺度，集成地面调查数据与不同分辨率遥感影像数据，运用多元统计分析方法，研究了城市森林地表温度与森林面积、森林阴荫程度、植被丰富度、植被指数等生态因子的相互关系。但是，大多数研究采用定点观测方法，未能全面、综合地考虑地表温度与多重生态因子之间的定量关系。事实上，在人为因子与生态因子相互作用的城市生态系统中，各类生态因子的多样性、复杂性、非线性和不均匀性渗透于城市森林生长的整个发展过程中，不同强弱关系的生态因子耦合在一起，决定了城市森林地表温度在时间变化和空间分布上具有高度的时空异质性。各类生态因子主要包括生物因素（如面积、优势树种、林龄、郁闭度）和非生物因素（如地形、土壤）。此外，人类活动因子在不同城市化梯度区域和城市化阶段对于城市森林地表温度的影响增强了空间异质性。然而，集成多学科方法的优点，阐明人类活动、多重生态因子与城市森林地表温度的相互作用机制，定量化城市森林地表温度空间异质性的研究尚未见报道。

定量化城市森林地表温度的空间异质性需要整合遥感影像、地面调查和空间统计分析方法各自的优点，划分城市森林地表温度的显著区域（热点和冷点）并探明影响机制。城市森林地表温度的显著区域是指在一定时期内地表温度高值或低值高度集聚的区域，是那些具有典型代表性、环境生态内涵丰富的区域。显著区域的形成与特定的多重生态因子和人类活动紧密相关。划分聚集区域分析方法（热点分析法）必须将地理空间位置、空间关系与数学分析融合起来，要求在特定阈值尺度下区分统计显著和非显著区域，运用空间统计方法来识别城市森林地表温度的显著区域，定量空间分布模式的统计显著性，评估空间分布的聚集程度，刻画空间异质性，揭示城市森林地表温度与多重生态因子的空间关系，探讨城市森林地表温度集聚的原因，提出城市森林规划建设和管理的建议。聚集区域分析方法涉及通过地理空间数据刻画城市森林地表温度在地理空间位置上的时空变化，与经典的统计分析（通常不考虑位置信息，只关注非空间特征和属性）不同。虽然这种探测空间集聚效应的分析方法已广泛应用于地理学、人文社会科学、医学等领域，其适用性、有效性和准确性引起环境科学和生态学学者的广泛关注，但是目前在环境生态学领域的应用研究尚不多见。

3.2 城市森林地表温度热点和冷点区域空间格局

3.2.1 研究方法

3.2.1.1 数据来源

本研究采用的遥感数据为两景 Landsat TM5 影像，轨道号为 119/43。影像的成像日期分别为 1996 年 7 月 20 日和 2006 年 8 月 17 日，时相基本一致，成像当天大气条件较为稳定。

城市森林地面调查数据来自于 1996 年和 2006 年共 2 期的厦门市森林资源规划设计调查数据，包括森林资源分布图、研究区历年的森林调查林班档案和研究区 1∶10 000 地形图。研究区森林调查林班档案记录了每个林班多重生态因子属性信息（小班面积、优势树种组成、林龄、郁闭度、土壤立地质量等级、土层厚度、腐殖质层厚度、海拔、坡度、坡向、坡位等），这些生态因子分别表征了林分、土壤和地形不同方面的属性，适合统筹考虑进行空间统计分析；通过在数据库中添加"关键字段"或者"ID"，在 ArcMap 中，将属性数据库与图形数据库连接起来，实现了小班图形与属性信息的相互查询功能。每个小班的面积大致相等，小班属性的准确性通过系统抽样和分层抽样相结合的检测方法测定不同林班实际与记录数据的差异情况，要求总体蓄积量抽样精度和可靠性分别达到 90% 和 95%，调查每 10 年复查 1 次。目前，为了评估中国人工造林项目的生物量和净初级生产力，森林资源规划设计调查的小班清单属性数据结合生物量回归方程方法已应用于天然林和人工林的调查估算中。城市人口密度分布数据由精确到街道的人口普查数据计算得到。

3.2.1.2　数据预处理

1996 年和 2006 年多源数据总共有三类：第一类是通过地面观测得到的森林资源规划设计调查（PMFI）矢量数据，包括图形数据和属性数据库，属性数据库提供林分、土壤和地形等多重生态因子数据；第二类是表征人类活动因子的厦门市人口密度分布栅格数据；第三类是空间分辨率为 30 m 的 Landsat TM 5 影像反演所得的城市森林地表温度分布图。

首先，通过地形图对样地调查数据和 TM 影像进行空间校正，再将研究区剪切出来。在校正过程中，我们主要通过地形图、遥感影像的纹理特征和 Google earth 影像来确认土地利用类型和关键配准点（如山顶）。因为我们通过 TM 影像在较大范围内进行土地利用辨认，而不是辨认单个图像像元，所以 TM 影像的较低分辨率不会对数据融合校正有太大影响。将遥感影像投影坐标系设定为 WGS-84 椭球基准面 UTM 投影（50 N）带，其次，进行大气校正，再用立方卷积算法对红外波段空间分辨率重采样到 30 m，而且保证每期标准误差都小于 0.5 个像素。

3.2.1.3　地表温度计算

（1）光谱辐射亮度的计算

将多传感器平台收集到的遥感图像数据转换为辐射亮度进行计算。简单来说，是发射得到热红外波段的数值（digital value，DN）数据转换为传感器辐射亮度的过程。转换过程的具体公式如下：

$$L_\lambda = \frac{(\text{LMAX}_\lambda - \text{LMIN}_\lambda)}{(Q_{\text{cal}_{\max}} - Q_{\text{cal}_{\min}})} \times (Q_{\text{cal}} - Q_{\text{cal}_{\min}}) + \text{LMIN}_\lambda \tag{3-1}$$

式中，L_λ 是传感器孔径的光谱辐射亮度，单位是 W/（m²srμm）；Q_{cal} 是量化的校正像素值（DN）；$Q_{\text{cal}_{\min}}$ 对应 LMIN$_\lambda$，是量化的校正像素值（DN）的最小值；$Q_{\text{cal}_{\max}}$ 对应 LMAX$_\lambda$，是量化的校正像素值（DN）的最大值；LMIN$_\lambda$ 为传感器的光谱，尺度与 $Q_{\text{cal}_{\min}}$ 相同，单位是 W/（m²srμm）；LMAX$_\lambda$ 为尺度与 $Q_{\text{cal}_{\min}}$ 相同的光谱亮度，单位也是 W/（m²srμm）。

（2）亮度温度计算

在假设地球表面是黑体（光谱辐射率=1）的前提下，将已经得到的光谱亮度转换为亮度温度，公式为

$$T_B = \frac{K_2}{\ln(\frac{K_1}{L_\lambda} + 1)} \tag{3-2}$$

式中，T_B 为有效的亮度温度；L_λ 为传感器孔径的光谱辐射亮度，单位是 W/（m²srμm）；K_1 和 K_2 为射前标定常数。对于 Landsat TM5，K_1=607.76，K_2=1260.56。

（3）地表辐射率计算

将辐射亮度转换为土地表面温度，通过公式（3-3）、公式（3-4）实现。

$$\varepsilon = \varepsilon_v F_v + \varepsilon_u (1 - F_v) + d\varepsilon \tag{3-3}$$

式中，ε_v 为植被比辐射率；ε_u 为城市表面比辐射率；F_v 为基于 Sobrino 等对于 NDVI 的实证模型的植被比例。我们使用 F_v 的植被覆盖率，以及 $d\varepsilon$ 取决于地表覆盖物特性。

最终，将得到的亮度温度 T_B 和 ε 代入森林地表温度公式中，其公式如下：

$$T_s = \frac{T_B}{1 + (\lambda \times {T_B}/{\alpha}) \ln \varepsilon} \tag{3-4}$$

式中，λ 为辐射波长（根据 Markham 和 Barker 1985 年撰写的文献，λ 为 11.5μm）；$\alpha = hc/b \, (1.438 \times 10^{-2} \, MK)$，$b$ 为玻尔兹曼常数（1.38×10^{-23} J/K），h 为普朗克常数（6.626×10^{-23} Js）；c 为光速（2.998×10^8 m/s）；ε 为地表比辐射率。

（4）城市森林地表温度归一化计算

首先进行地表温度归一化处理，其目的就是比较不同时期不同季节的城市冷岛效应。我们利用公式（3-5）实现这个目的。

$$T_{R} = \frac{(LST - T_{b})}{T_{b}} \qquad (3-5)$$

式中，T_R 是归一化处理后的相对温度；LST 为地表温度（K）；T_b（K）为地表温度背景值，可以定义为研究区的平均温度。

（5）准确性评估

气象站点和遥感影像反演所得的温度之间的差异随着植被指数（NDVI）增长而加剧。但是，地理坐标匹配的气象站点数据与反演温度数据之间具有相关关系。我们使用厦门地区 10 个气象站点的日均温数据与反演温度数据进行准确性评估。皮尔逊相关系数用来估算两组数据之间的线性关系。结果表明，反演所得的地表温度与气象站点数据显著相关，且相关系数达到 0.848（$P<0.01$）。

3.2.1.4 多源数据融合和数据库创建

通过 ArcGIS 10.0 空间分析模块中的区域统计功能，采用 PMFI 数据记载的森林小班为基准单元，统计核密度插值法生成的人口密度平均值，生成时空分布图；同时，计算单通道算法反演所得的城市地表温度平均值。利用 ArcGIS 10.0 的空间配准功能进行校准，空间匹配输入数据（温度、人口与多重生态因子数据）到 WGS 1984UTM（50 N）投影坐标系上，构建新的地理数据库。

3.2.1.5 空间统计分析

本研究依据城市森林小班矢量多边形数据，在运用全局 Moran's I 指数证明空间数据存在集聚状态的前提下，采用局域 Getis-Ord G_i^* 统计识别城市林班地表温度特定阈值距离尺度（3500 m）下热点（高值与高值相邻）和冷点（低值与低值相邻）集聚的空间位置。通过位置建立数据间的统计关系，利用统计方法来发现空间联系及空间变动的规律，提高了描述城市生态系统重点区域真实景观异质性的能力。通过局域空间统计产生的"热点"和"冷点"信息，未来可用于帮助引导开展地表温度空间上的监测和制图工作，该工作能为大范围的航空遥感方法反演方法提供实地验证数据准确性评估基础；同时，冷点和热点区域信息对于揭示城市森林地表温度热点区域的形成机制，采取相应的干预措施，合理分配森林空间资源降低地表温度具有重要意义。

空间自相关的存在打破了传统统计方法中样本之间相互独立的基本假设；同时，大量研究已证实空间距离较近的属性值通常比距离较远的属性值具有较高的相似性，几乎所有的空间数据都具有空间依赖或空间自相关特征。因此，空间自相关统计指数已被用于探测流行病传播、林木健康、海藻景观、果树园等的空间分布模式研究。这些指数主要分为：全局指数，包括 Moran's I、Geary's C 和 Global G_i；局域指数，包含 Moran's I（或称为 LISA）和 Getis-Ord G_i^*。目前，关于城市森林地表温度的空间自相关统计指数的研究相对较少，大部分研究采用传统统计分析（如相关分析、回归分析、主成分分析）探测城市森林地表温度与环境因子的相互关系。

空间自相关统计指数的应用基于城市森林地表温度空间稳定性的前提假设，即假定森林地表温度分布在城市区域内存在一个随空间权重矩阵而连续变化的生态过程，空间自相关统计指数可以定量化这种生态过程。Moran's I 是关于空间自相关的全局测度，统计量是所有森林面积单元的整体空间，是空间相关性度量最常用的指数。虽然 Moran's I 可以通过空间相关性表明是否处于集聚状态，但不能证明空间上热点集聚或者冷点集聚位置。G_i 统计的计算权重基于局域的阈值距离尺度，能够识别城市森林地表温度热点和冷点区域，并且区分空间的集结状态。但是 Global G_i 指数只能证明城市森林地表温度确实存在热点和冷点区域，无法探明其存在的具体空间位置。因此，需要局域指数 Moran's I（或称为 LISA）或 Getis-Ord G_i^* 确认集聚的具体空间位置。目前，部分研究采用局域指数 Moran's I 开展城市热岛集聚区生物组成对地表温度的影响；但局域指数 Moran's I 没有严谨的统计检验标准，容易受到局域边界因素（如观测单元数值不同）的影响，因此，Moran's I 可以用于探索小班地表温度空间异常值或小班地表温度之间的差异性，却不能得出热点和冷点的具体空间位置。局域指数 Getis-Ord G_i^* 不考虑边界相邻情况，只采用距离衡量标准，识别特定距离尺度下城市森林地表温度热点和冷点区域集聚的具体空间位置。

（1）确定最佳阈值距离

基于 Getis-Ord G_i^* 统计结果，采用变量（如面积、邻域个数、z 值）峰值确定最佳阈值距离。采用小班面积数据，不断增加小班的阈值距离（即 500～7000 m 范围，每增加一次的间隔是 1000 m），当聚集区域面积最大时，所在的搜索距离作为最佳阈值距离。表 3-1 的结果显示：随着阈值距离的增加，热点、冷点区域面积先增大后减小。阈值距离在 500～3500 m 时，1996 年和 2006 年热点、冷点区域面积同时增大。阈值距离达到 3500 m 时，两个年份的热点、冷点区域面积达到最大。因此，选择 3500 m 作为研究厦门市森林地表温度的最佳阈值距离（表 3-1）。

表 3-1　基于局域指数 Getis-Ord G$_i$*分析 1996 年和 2006 年 10 个阈值距离下热点和冷点总面积

阈值距离/m	热点面积/hm²		冷点面积/hm²	
	1996 年	2006 年	1996 年	2006 年
500	8 870.04	11 881.41	11 881.41	12 881.96
1 000	17 599.47	25 951.14	28 186.95	23 942.72
1 500	20 524.81	29 866.34	32 819.41	30 415.74
2 000	22 769.57	34 534.36	34 604.52	33 018.32
2 500	23 588.30	36 598.21	36 049.18	35 282.95
3 000	24 237.71	37 189.53	36 930.76	37 006.52
3 500	25 440.14	38 469.53	37 889.81	38 229.78
4 000	23 640.97	37 763.26	37 450.60	36 539.46
4 500	23 533.87	36 272.65	36 990.06	35 537.83
5 000	23 365.79	36 178.55	34 405.84	34 905.91

（2）全局指数 Moran's I 和局域指数 Getis-Ord Gi*统计分析

使用全局指数 Moran's I 和局域指数 Getis-Ord G$_i^*$的目的是测试特定水平下的统计显著性，探测最佳阈值距离尺度下城市森林地表温度热点和冷点集聚的空间位置。两个指数都是利用 ArcGIS 的地理统计分析扩展模块实现的。

全局指数 Moran's I 是分析空间自相关性最常用的指标，计算公式为

$$I = \frac{N\sum_{i=1}^{n}\sum_{j=1}^{n}(X_i-\bar{X})(X_j-\bar{X})}{(\sum_{i=1}^{n}\sum_{j=1}^{n}W_{ij})\sum_{i=1}^{n}(X_i-\bar{X})^2} \tag{3-6}$$

式中，N 为观测的空间单元数，多边形区域或者点；$\bar{X}$ 为统计变量的均值；X_i 和 X_j 分别为第 i、j 个区域的观测值；W_{ij} 为区域 i 相对于区域 j 的权重。

局域指数 Getis-Ord G$_i^*$是一种能够估算权重不同的局部区域值对总体数据值比率的局部空间统计方法，不考虑边界相邻情况，只采用距离衡量标准，其公式

如下：

$$G_i^*(d) = \frac{\sum_{j=1}^{n} W_{ij}(d)X_j}{\sum_{j=1}^{n} X_j} \qquad (3\text{-}7)$$

式中，d 为领域尺寸（大小）；W_{ij} 为样本点和领域 j 的权重矩阵；X 是重要性定量指标。

（3）热点、冷点、不显著区域的定义

确定最佳阈值距离为 3500 m，运用局域指数 Getis-Ord G_i^* 的统计结果绘制聚集图，根据显著性 z 值的大小来确定显著区域，显著性的绝对值大于 1.96 的区域为显著区域。根据 z 值的显著性定义分为三个不同的温度分区：热点区域、冷点区域、不显著区域。

三种区域在研究中按照下列描述被定义。

1）热点区域：地表温度高值相邻而聚集的区域（$z \geqslant 1.96$，表示有 95%置信区间的上限）。

2）冷点区域：地表温度低值相邻而聚集的区域（$z \leqslant -1.96$，表示有 95%置信区间的下限）。

3）不显著区域：空间相关性不显著的区域（$1.96 > z > -1.96$）。

如果分析的因子 z 值得分高且 p 值小，表示有高值的空间聚类，z 值越大，高值的聚集程度就越敏感。如果 z 值得分低并为负数且 p 值小，则表示有低值的空间聚类，z 值越小，低值的聚集程度越敏感。

3.2.2 案例结果分析

3.2.2.1 城市森林地表温度和森林结构属性

融合 1996 年（森林斑块 14 901 个）、2006 年（14 944 个）Landsat TM 5 影像和对应年份的 PMFI 数据，在同一城市尺度下生成小班地表温度与各类生态因子空间对应的多源数据集。1996~2006 年，森林总面积从 1996 年的 68 559.733 hm^2 增加到 2006 年的 89 279.067 hm^2，空间格局聚集程度（Moran's）从 0.155 增强到 0.273（图 3-1），城市森林地表相对温度的平均值降低了 0.933。

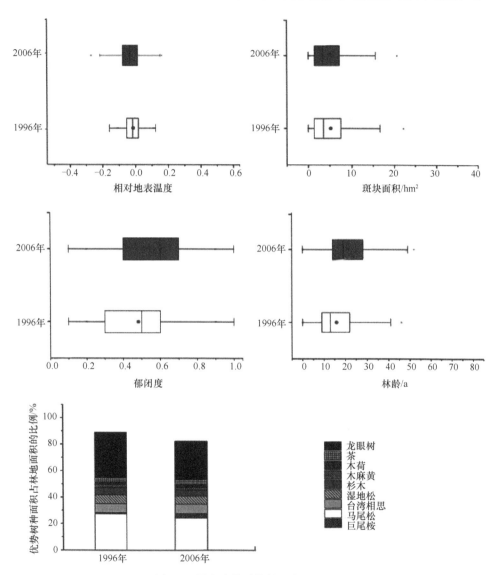

图 3-1　城市森林结构特征变化对比图

随着森林地表温度平均值降低，林分结构发生相应的变化。具体而言，林班的总面积增加 20 179.334 hm²；林龄均值增加了 1.877 年；郁闭度均值增加了 0.046。1996 年主要优势树种为龙眼树（*Dimocarpus longan*）、马尾松（*Pinus massoniana*）、台湾相思（*Acacia confuse*）、湿地松（*Pinus elliottii*）、杉木（*Cunninghamia lanceolata*）、茶（*Camellia sinensis*）、木麻黄（*Casuarina equisetifolia*）和木荷（*Schima superba*），

2006 年主要优势树种增加了巨尾桉，其余优势树种种类与 1996 年相同，优势树种面积比例也发生了变化，如台湾相思占林地面积比例从 1996 年的 5.148% 增长到 2006 年的 6.912%，而马尾松从 1996 年的 34.475%下降到 2006 年的 24.654%，龙眼树也下降了 8.165%（图 3-1）。

3.2.2.2 城市森林地表温度的空间格局区分

1. 局域指数 Getis-Ord G_i* 统计下城市森林时空分布格局

表 3-2 的全局指数 Moran's I 结果显示，城市森林地表温度具有强烈的空间自相关，而且呈现出空间聚集增强的趋势。对此，运用 ArcGIS10.0 分析研究区域内每个小班对应地表温度的时空变化，采用全局指数 Moran's I 结合局域指数 Getis-Ord G_i* 获取的局域空间异质性信息，在明确空间邻居阈值距离（3500 m）条件下，划分为热点、冷点和非聚集区域；其中，统计显著的热点和冷点区域占森林总面积的 82.461%（1996 年），这些区域代表了完全相反的两类聚集空间（图 3-2）。以下围绕聚集程度的变化特征和聚集位置的识别这两方面阐述。

表 3-2 中 z 值结果显示，2006 年研究区域呈现出的聚集程度比 1996 年更为显著。1996 年，热点区域占全市林地面积的比例为 37.107%，冷点区域占全市林地面积的比例为 55.265%，占据主导地位；到 2006 年，冷点区域（42.821%）与热点区域（43.089%）的面积比例基本相当，冷点区域面积增加了 12 449.671 hm^2。热点、冷点和非聚集区域转移矩阵结果显示：1996~2006 年，71 130.310 hm^2 的森林面积发生了热点、冷点和非聚集区域的转换。其中，1838.145 hm^2 冷点区域转变为热点区域（表 3-3），最明显的转换区域发生在城市中心和近郊的南部区域。从图 3-2 看出热点区域主要分布在城市中心和近郊区域，1996 年和 2006 年分别占城市中心区总面积的 34.122%和 67.492%，占近郊区域的 35.716%和 50.935%；冷点区域主要分布在近郊和远郊区域，1996 年占近郊区总面积的 39.741%，2006 年为 34.079%，1996 年占远郊区总面积的 46.189%，2006 年为 60.886%。

表 3-2　1996 年和 2006 年城市森林地表温度的全局空间自相关统计（Moran's I）

年份	1996 年	2006 年
Moran's I 指数	0.155**	0.273**
z 值	244.504	432.030
聚集模式	聚集	聚集

注：1996 年和 2006 年所有区域的 P 均值小于 0.001

**表示差异极显著

表 3-3　1996～2006 年在全市不同城市化梯度下聚集区域（热点、冷点、非显著区域）间变换转移的森林面积

区域	HS 到 CS/hm²	CS 到 HS/hm²	比例	HS 到 NS/hm²	NS 到 HS/hm²	比例	CS 到 NS/hm²	NS 到 CS/hm²	比例
全市	1 355.805	1 838.145	0.738	3 117.420	3，729.195	0.836	6 732.225	6 084.555	1.106
城市中心区	0	362.655	0	0	578.235	0	1 373.415	0	0
近郊区	0	1 001.685	0	24.705	2 240.745	0.011	4 017.480	0	0
远郊区	1 355.805	473.805	2.862	3 092.715	910.215	3.398	1 341.315	6 084.555	0.220

注：总共 71 130.310 hm² 的森林面积发生了热点、冷点和非聚集区域的转换，HS 代表热点区域，CS 代表冷点区域，NS 代表不显著区域

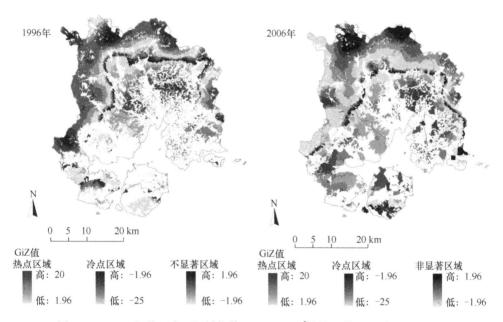

图 3-2　3500m 阈值距离下局域指数 Getis-Ord G_i^* 统计下的 1996 年和 2006 年不同温度分区的空间分布图及显著区域局布比例柱状图（彩图请扫封底二维码查看）

红色（z 值≥1.96）=热点区域，蓝色（z 值≤–1.96）=冷点区域，灰色（1.96＞z 值＞–1.96）=不显著区域，
白色=非林地

2. 局域指数 Getis-Ord G_i^* 统计下的城市森林地表温度

用箱形图对比热点、冷点和非聚集区域的三组数据的分布情况（图 3-3），结果表明，局域指数 Getis-Ord G_i^* 统计分区后城市森林的冷点区域相对地表温度平均值±标准差为 1996 年的 0.977±1.802 和 2006 年的 0.924±2.152，显著（$P<0.01$，

非独立样本 t 检验）低于热点区域，[1996 年的 0.108±2.483，2006 年的 1.044±2.548]和非聚集区域 [1996 年的 1.015±1.827 和 2006 年的 0.967±1.335]。从三个温度分区的变异系数来看，热点（1996 年为 8.902，2006 年为 9.604）和冷点（1996 年为 6.996；1996 年为 9.163）区域均呈现出增加的趋势。1996 年和 2006 年温度最为集中的区域分别是冷点区域和热点区域。

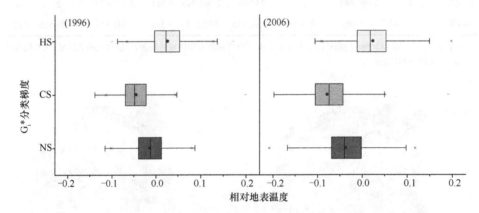

图 3-3　1996～2006 年通过局域指数 Getis-Ord G_i^* 分类得到的三种温度
分区下城市森林地表相对温度的分布
红点表示每个区的平均相对地表温度，HS=热点区域，CS=冷点区域，NS=不显著区域

3. 局域指数 Getis-Ord G_i^* 统计下的城市森林林分结构动态

图 3-4 显示，1996～2006 年，林分结构各项指标（如林班总面积、郁闭度平均值和林龄平均值）在相对应的热点、冷点和非聚集区域显著（$P<0.01$，非独立样本 t 检验）增加，冷点区域林分结构指标均显著高于热点和非聚集区域。值得注意的是，不同分区区域的树种组成有所不同。例如，热点区域中优势树种为龙

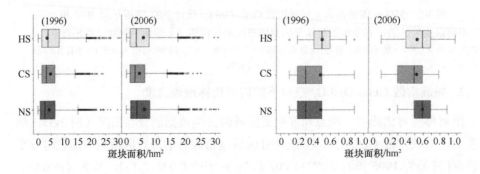

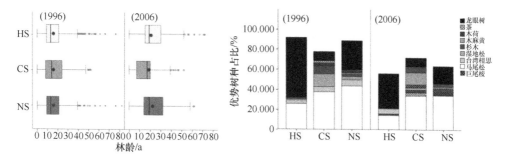

图 3-4　城市森林林分结构在局域指数 Getis-Ord G_i*统计分区下数据分布情况图

红色点分别代表各组数值的平均值

眼树(1996 年蓄积量占比 59.687%,1996 年蓄积量占比 34.346%);而冷点区域的优势树种是马尾松(1996 年蓄积量占比 37.434%,1996 年蓄积量占比 33.676%)。

3.3　影响城市地表温度的主导因子及其交互作用

3.3.1　研究方法

地理探测器模型用于探测影响城市森林地表温度的多重因子的影响程度,以及基于变量空间分析的因子交互作用。模型的因子力探测是合理推断和存在的地理统计技术的创造性结合。地理探测器软件通常用于生态预测复杂机制分析。它的优势在于能处理类型和数值变量,同时能够进行定量化单因子分析。地理探测器的交互作用探测能定量化表达交互作用的强度与方式。由于其假设前提为空间异质性假说。因此,当分析研究区空间异质性差异时,此软件在确定主要生态因子影响力的同时能定量化生态因子之间的两两交互作用。该方法已用于探索神经管缺陷决定因素与其交互作用、汶川地震中 5 岁以下儿童死亡因素、土壤中污染物分布和地区经济增长率空间分异方面。

假设人类活动集合特定生态因子综合影响了城市森林地表温度,因此城市森林地表温度的时空分布模式与这些生态因子具有相似性并且可以被定量化表达。这个软件的因子探测主要探索影响城市森林地表温度的不同因子的作用大小;生态探测用于探索因子作用力的显著性;交互探测用于研究两两因素集合起到的作用大小。

我们首先使用等间隔分类法,将所有影响因子分类。然后将所有影响因子和城市森林地表温度数值输入对应的小班斑块图层中，形成斑块属性，最后将所有不同因素数值输入地理探测器模型中运行。

3.3.1.1 因子探测

因子探测能够量化空间分布数据。相似性残差值（PD）表示因子 D 对城市森林地表温度的作用大小。因此，因子 D 的 PD 值能够用公式（3-8）～公式（3-10）表示：

$$PD = 1 - \frac{\sigma_{D,p}^2}{\sigma_{D,z}^2} \tag{3-8}$$

$$\sigma_{D,p}^2 = \frac{1}{n_{D,p}} \sum_{p=1}^{n_{D,p}} (y_{D,p} - \overline{y}_D)^2 \tag{3-9}$$

$$\sigma_{D,z}^2 = \sum_{z=1}^{L} \frac{\Re_z}{\Re} \frac{1}{n_{z,p}} \sum_{p=1}^{n_{z,p}} (y_{z,p} - \overline{y}_z)^2 \tag{3-10}$$

式中，$\overline{y}_D$ 和 $\overline{y}_z$ 分别是通过 D 统计的研究区和子研究区域 $\hat{A}_z$ 的平均地表温度 LST 值。

3.3.1.2 交互探测

交互探测定量化影响因子 C 和 D 共同影响因变量产生的作用，如通过在 GIS 环境中融合地理层 C 和 D 形成一个新层 E。层 E 的属性由层 C 和 D 的属性共同决定。通过层 C、D 和 E 的 PD 值，交互探测可以处理两个因子共同作用比分开作用起到更强或更弱作用的有趣问题。

3.3.1.3 生态探测

生态探测利用 F 检验比较因子 C 和 D 作用力大小，通过因子力大小的比较，研究是否 C 比 D 在影响地表温度方面起到的作用更显著。

假设 C 比 D 对地表温度的影响力更大，C 离散方差（$\sigma_{C,z}^2$ 会大于 D 离散方差（$\sigma_{C,z}^2$）。相关检验见公式（3-11）：

$$F = \frac{n_{C,p} (n_{C,p} - 1)\sigma_{C,z}^2}{n_{D,p} (n_{D,p} - 1)\sigma_{C,z}^2} \tag{3-11}$$

式中，$n_{C, p}$ 和 $n_{D, p}$ 分别表示 C 和 D 的覆盖范围内样本单元 p 数量。F 值的统计是符合 $F(n_{C, p} - 1, n_{D, p} - 1)$，df$=(n_{C, p}, n_{D, p})$ 的渐进分布。

零假设 H_0：$\sigma_{C, z}^2 = \sigma_{D, z}^2$，假设 H_0 在显著性 α（通常 5%）下有条件拒绝，表示风险因子 C 对地表温度的作用与 D 有显著差别。

3.3.2　案例结果分析

（1）人口密度的时空分布格局

厦门市人口密度从 1996 年的（565.0±12.6）（平均值±标准差）人/hm² 增加到 2006 年的（755.5±11.9）人/hm²（t 检验，$P<0.01$）。不同城市化梯度区域均呈现出增长的趋势。图 3 5 显示，人口聚集程度在 1996 年和 2006 年呈现出下降的趋势，1996 年 Moran's I 为 0.348（z 值=650.417）；2006 年 Moran's I 为 0.331（z 值=532.505）。局域指数 Getis-Ord G_i^* 统计分区后，结果显示，人口与城市森林地表温度的热点和冷点区域的时空分布模式具有较高的空间相似性。例如，2006 年，92.831%的人口热点区域和 64.115%的人口冷点区域与相对应的城市森林地表温度冷热点区域重叠。

（2）人类活动和生态多因子对城市森林表面温度的影响机制

城市森林地表温度局域指数 Getis-Ord G_i^* 统计分区后，对比城市森林地表温度热点和冷点区域地理探测器模型的运行结果，两个聚集分区的相同点表现在 1996 年和 2006 年林分因子和地形因子是影响森林地表温度的主导因子。特别是林分因子中的优势树种和地形因子中的海拔相比于人口密度在不同时期和不同分区内的影响力较大（图 3-6，表 3-4）。另外，在不同时期和不同聚集分区，人口密度和其他 11 种因子产生线性增强或者非线性增强的交互作用（人口密度∩其他因子）＞（人口密度+其他因子）或（人口密度∩其他因子）＞（人口密度或其他因子）。

两个聚集分区差异表现在，在不同时期和不同聚集分区，各类生态因子对森林地表温度影响力（即 q 值）有所不同。例如，2006 年，热点区域主要影响因子依次排序分别是海拔（$q=0.139$）、坡度（$q=0.129$）、优势树种（$q=0.099$）和林班面积（$q=0.085$）；冷点区域主要影响因子依次排序分别是优势树种（$q=0.070$）、海拔（$q=0.069$）、人口密度（$q=0.069$）和郁闭度（$q=0.036$）（表 3-4）。同时，热点和冷点区域具有显著交互作用的生态因子各不相同。具体而言，热点区域人口

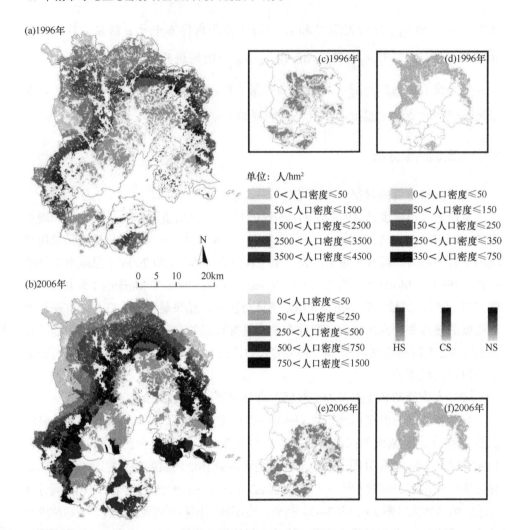

图 3-5　局域指数 Getis-Ord G_i^* 统计分区下，两个时期 [（a）1996 年；（b）2006 年]
不同聚集区域下人口密度分布图及人口与温度热点冷点重叠图（彩图请扫封底二维码查看）
（c）1996 年热点重叠图；（d）1996 年冷点重叠图；（e）2006 年热点重叠图；（f）2006 年冷点重叠图

密度与林班面积、林龄和海拔具有显著交互作用，冷点区域人口密度与郁闭度、立地质量等级、土层厚度、腐殖质层厚度、坡度、坡向、坡位具有显著交互作用（表 3-5）。

　　研究结果显示，直接作用强的生态因子与其他生态因子之间同样存在着强烈的交互作用。具体而言，交互作用较强的两个生态因子中，一般都与优势树种和

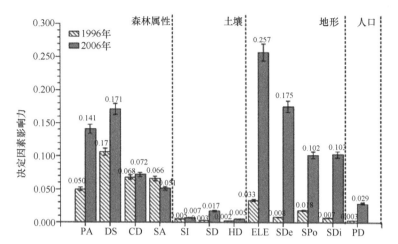

图 3-6　厦门市全岛森林属性、土壤、地形、人口对森林地表温度的影响力大小

PA 代表斑块面积，DS 代表优势树种，CD 代表郁闭度，SA 代表林龄，SI 代表立地质量等级，SD 代表土壤厚度，
HD 代表腐殖层厚度，ELE 代表海拔，SDe 代表坡度，SPo 代表坡位，SDi 代表坡向，PD 代表人口密度

表 3-4　厦门市全岛和三个温度分区中森林属性、土壤、地形和人口对森林
地表温度的影响结果

因子类别	因子	总区域		热点区域		冷点区域		不显著区域	
		1996 年	2006 年	1996 年	2006 年	1996 年	2006 年	1996 年	2006 年
森林植被特性	PA	0.050	0.141	0.020	**0.085**	0.004	0.015	0.001	0.029
	DS	0.106	0.171	**0.042**	**0.099**	**0.063**	**0.070**	**0.067**	**0.125**
	CD	0.068	0.072	**0.033**	0.064	**0.030**	**0.036**	**0.066**	**0.095**
	SA	0.066	0.051	**0.032**	0.061	0.026	0.017	**0.047**	**0.082**
土壤	SI	0.005	0.007	0.001	0.009	0.004	0.004	0.006	0.011
	SD	0.003	0.017	0.003	0.035	0.002	0.008	0.002	0.011
	HD	0.002	0.005	0.002	0.009	0.004	0.000	0.002	0.002
地形	ELE	0.033	0.257	**0.045**	**0.139**	0.033	**0.069**	0.006	**0.079**
	SDe	0.008	0.175	0.021	**0.129**	0.012	0.025	0.005	0.076
	SPo	0.018	0.102	0.011	0.061	**0.067**	0.027	**0.007**	0.072
	SDi	0.007	0.103	0.009	0.075	0.012	0.023	**0.007**	0.060
人口	PD	0.003	0.029	0.005	0.007	0.005	**0.069**	0.003	0.007

注：PA 代表斑块面积，DS 代表优势树种，CD 代表郁闭度，SA 代表林龄，SI 代表立地质量等级，SD 代表土壤厚度，HD 代表腐殖层厚度，ELE 代表海拔，SDe 代表坡度，SPo 代表坡位，SDi 代表坡向，PD 代表人口密度；加粗代表排名前四位数值

表 3-5　两个时期（1996 年和 2006 年）及三个温度分区（热点区域、冷点区域和不显著区域）人口密度和其他因子相互作用的影响结果

因子	1996 年				2006 年			
	总区域	热点区域	冷点区域	不显著区域	总区域	热点区域	冷点区域	不显著区域
斑块面积	0.061*↗↗	0.036↗↗	0.021↗↗	0.010↗↗	0.201*↗↗	0.106*↗↗	0.083↑	0.066↗↗
优势树种	0.129↗↗	0.063↗↗	0.087↗↗	0.105↗↗	0.244↗↗	0.143↗↗	0.141↗↗	0.169↗↗
郁闭度	0.077↗↗	0.048↗↗	0.038↗↗	0.105↗↗	0.118↗↗	0.082↗↗	0.105*↗↗	0.117↗↗
林龄	0.072*↗↗	0.048↗↗	0.034↗↗	0.059↗↗	0.115*↗↗	0.083*↗↗	0.086↗↗	0.109*↗↗
立地质量等级	0.007↑	0.006↗↗	0.007↑	0.016↗↗	0.040*↗↗	0.022↗↗	0.074*↗↗	0.023↗↗
土壤厚度	0.006↗↗	0.008↗↗	0.006↗↗	0.013↗↗	0.056↗↗	0.046↗↗	0.081*↗↗	0.025↗↗
腐殖层厚度	0.004↗↗	0.006↑	0.005↗↗	0.026↗↗	0.039↗↗	0.016↗↗	0.070*↗↗	0.010↗↗
海拔	0.0428↗↗	0.009↗↗	0.016↗↗	0.015↗↗	0.294*↗↗	0.155*↗↗	0.137↑	0.103*↗↗
坡度	0.012↗↗	0.010↗↗	0.014↗↗	0.012↗↗	0.218↗↗	0.166↗↗	0.095*↗↗	0.113↗↗
坡位	0.025↗↗	0.008↗↗	0.018↗↗	0.020↗↗	0.139↗↗	0.090↗↗	0.096*↗↗	0.101↗↗
坡向	0.013↗↗	0.010↗↗	0.013↗↗	0.016↗↗	0.141↗↗	0.092↗↗	0.092*↑	0.085↗↗

*代表有显著的相互作用

注：↑代表因子 A 加强因子 B，即 PD（A∩B）＞PD（A）和 PD（B）。符号↗↗表示因子 A 和因子 B 非线性增强，即 PD（A∩B）＞PD（A）+PD（B）

海拔因子有关。此外，在不同的聚集区（热点、冷点）和不同年份，交互作用较强的生态因子发生改变。具体而言，1996 年，海拔和优势树种分别是城市森林地表温度热点和冷点区域交互作用较强的生态因子；反之，2006 年，优势树种和海拔分别是城市森林地表温度热点和冷点区域交互作用较强的生态因子。上述结果采用对比直接作用和交互作用的方式揭示了交互作用对城市森林地表温度的影响机制（表 3-6）。

表 3-6　热点及冷点区域中主导因子影响力及两两因子交互作用的影响力结果

分区		1996 年				2006 年			
		主导因子	q 值	主导交互作用	q 值	主导因子	q 值	主导交互作用	q 值
热点区		ELE	0.045	ELE∩DS	0.143↗↗	PA	0.045	Sdi∩DS	0.215↗↗
		DS	0.042	SA∩ELE	0.11↗↗	DS	0.042	DS∩CD	0.196↗↗
		CD	0.033	ELE∩CD	0.1↗↗	CD	0.033	DS∩PA	0.188↗↗
		SA	0.032	DS∩SDe	0.109↗↗	SA	0.032	DS∩ELE	0.185↑
冷点区		SPo	0.067	Spo∩DS	0.258↗↗	DS	0.07	CD∩ELE	0.142*↗↗
		DS	0.063	DS∩ELE	0.209↗↗	PD	0.069	DS∩PD	0.141↗↗
		ELE	0.033	Sdi∩DS	0.183↗↗	ELE	0.069	ELE∩PD	0.137↑
		CD	0.03	Sde∩DS	0.145↗↗	CD	0.036	DS∩Sdi	0.133↗↗

*代表有显著的相互作用

注：↑代表因子 A 加强因子 B，即 PD（A∩B）＞PD（A）和 PD（B）。符号↗↗表示因子 A 和因子 B 非线性增强，即 PD（A∩B）＞PD（A）+PD（B）。PA 代表斑块面积，DS 代表优势树种，CD 代表郁闭度，SA 代表林龄，ELE 代表海拔，SDe 代表坡度，SPo 代表坡位，SDi 代表坡向，PD 代表人口密度

3.4 讨　论

3.4.1 联合研究

本研究采用遥感影像、森林资源规划设计调查、空间统计分析与 GIS 技术相结合的研究方法为揭示人类活动对城市森林地表温度影响的生态过程提供了一个空间耦合的理论框架。

森林资源规划设计调查可以提供林班内部详细属性信息（包括林分、土壤、地形等属性信息），能够结合多重生态因子探测林班组成结构的变化对地表温度的影响，而不仅仅是森林面积的变化；也可以验证遥感解译和定量化分析的准确性。GIS 技术可以融合遥感影像获取的地表温度信息和森林资源规划设计调查的属性信息，集成统一尺度的城市森林多源空间数据。空间统计分析在城市森林地表温度的显著区域（热点和冷点区域），揭示人类活动结合多重生态因子对城市森林地表温度的影响机制，提供城市森林景观时空异质性的科学依据。尽管多源数据融合存在不确定性问题，但是经过对多源数据进行了尺寸和格式的校正及准确性评估，可以显著降低不确定性；结合遥感方法和森林资源调查及空间统计分析，可以在城市森林的特定区域探明冷岛效应的形成机制，为融合多个生态过程准确预测城市森林地表温度时空演变趋势提供理论基础。

3.4.2 融合全局指数 Moran's I 和局域指数 Getis-Ord G_i^* 的空间统计分析

城市森林地表温度具有强烈的空间自相关,而且呈现出空间聚集增强的趋势。这与 Zheng 等（2014）关于城市地表温度的热点和冷点空间位置探测的研究结果相同。说明在城市化发展的过程中,城市森林地表温度的空间异质性程度升高。随着城市化进程的加快,农村人口向城市大规模聚集,人类活动增强改变了城市森林的组成结构和空间模式,这种干扰不是短暂的,而是长期连续性的;同时,土壤、地形等多重生态因子与人类活动之间多样化、复杂、非线性的交互作用不可避免地增强了城市森林空间异质性。当前很多研究阐明了城市森林地表温度与林班空间组成、空间构型的相互关系,但从城市森林地表温度与林班空间相关的角度揭示空间异质性的研究相对较少。尽管部分学者运用全局指数 Moran's I 分析了单个时期城市森林地表温度的空间分布格局,但是基于地表温度的生态过程,深入探讨相同地点不同时期全局指数 Moran's I 变化的研究很少。Kennedy 等（2014）发现在很多基于遥感影像的格局差异分析研究中，由于研究者对生态过程认识的局限性，限制了其对具体研究对象驱动力的理解。

1996 年和 2006 年，城市森林地表温度热点区域主要分布在城市中心和近郊区域；冷点区域主要分布在远郊区域；同时，人口分布与城市森林地表温度的热点和冷点区域的时空分布模式具有较高的空间相似性。这说明热点和冷点空间分布主要与人类活动密切相关。在城市中心和近郊的人口密集区域，人为热排放随着城市化进程持续增长，同时，人类活动导致土地利用/覆被变化破坏了地表植被，建设用地的增加和耕地的减少引起了森林景观破碎化程度的增加、森林面积的不断减少和森林组成结构的退化。在城市远郊的人口稀疏区域，投入大量的人力和物力进行大规模的植树造林，提高了城市森林林分质量及森林覆盖率。此外，人类活动对城市森林的影响与其所处地理位置有明显的相关性，城市中心和近郊区域交通方便、地势平坦的林地受人类的影响较为严重，一些砍伐、采石活动也主要集中在这些区域，造成大量林地转变为建设用地；但是海拔较高的城市远郊林地由于交通的可达性差，人为活动的影响较小。

在 10 年的城市化进程中，在空间邻居阈值距离（3500 m）条件下，城市森林地表温度的热点区域面积增加了 5.982%，冷点区域面积减少了 12.444%。这说明随着城市森林空间聚集程度的增强，空间异质性程度增强，地表温度的高值被高值包围的范围有所增加，低值被低值包围的范围有所减少，并不是所有的城市森林类型都同样有效地缓解了城市热岛效应。已有研究证实，在空间异质性增强的城市森林中，空间结构上存在多种类型的森林分布（热点、冷点、统计不显著和随机分布）形式，而且在各个方向上其分布性质也不相同。但目前基于局域 G_i^*（d）的森林热点探测空间分布格局研究多集中在林分竞争与死亡、林分碳蓄积和干扰影响等方面，关于城市森林空间结构地表温度的热点探测的研究尚未见报道。尽管如此，采用局域 G_i^*（d）空间统计分析方法，从空间上探明城市森林地表温度的热点和冷点区域的具体位置，是理解发生非典型空间格局生态过程的关键步骤。我们可以依据探测结果结合地理探测器模型，阐明热点和冷点区域人类活动与城市森林地表温度和多重生态因素相互作用的空间关系。

3.4.3 城市森林地表温度的影响机制

1996 年和 2006 年热点和冷点区域，林分因子和地形因子是影响城市森林地表温度的主导因子。特别是优势树种和海拔因子相比于其他生态因子（如林班面积）对城市森林地表温度的影响力更大。很多研究已表明，海拔通过改变光照、水分和土壤养分，控制城市植被生长进而影响城市森林地表温度。然而，关于树种组成差异对城市森林地表温度影响的定量化研究较少。当前城市尺度森林地表温度的研究中，大多数学者采用统计分析方法（如 SPSS 模型）探讨森林面积指标（如林分面积、森林覆盖率）与地表温度的相关关系。Norton 等（2015）发现增加森林面积可以显著降温，但不是城市用地紧张情况下的最好选择；城市森林的空间布局和组成结构是冷岛效应的关键。我们基于地理探测器模型的结果支持了 Norton 等研究的观点，优势树种相比于林班面积对城市森林地表温度的直接作用更显著。过去关于不同树种降温效果的生物学特性对比研究主要在小尺度（如公园、样地）上开展，结果证实树木降温效果主要来自于蒸腾和遮阴作用。同一时刻不同种类单株树木的降温效果主要取决于树冠的形体、冠幅、冠长、枝下高、树木形态、树叶疏密度、叶面大小、叶片不透明大小等因素。现在，我们在城市尺度进行了不同优势树种林班的对比研究。例如，以龙眼为优势树种的林班主要存在于热点区域，而以木荷为优势树种的林班主要存在于冷点区域。这可能与上述的生物学影响因素有关，具体而言，单株相同林龄的木荷相比于龙眼具有更加浓密的叶片和更高大的树冠形态。

我们运用定量化方法证明了优势树种的直接作用，事实上，多重生态因子间还存在复杂、非线性的交互作用（间接作用）。例如，虽然林班面积因子在 1996年的热点和冷点区域对城市森林地表温度的影响力较小，但不能简单地认定林班面积大小对于城市森林降温效果不重要。一方面，林班面积对于城市森林地表温度的影响程度与特定时间地点森林破碎化程度、林班连接度等因素密切相关；另一方面，林班面积与多重生态因子间的间接作用比直接作用对于城市森林地表温度的影响更为显著。事实上，当生态因子之间存在强烈的相互作用关系时，统计显著性是无法仅仅通过考虑主要因子的影响而得到准确的生态显著性的。交互作用结果表明，热点和冷点区域的人类活动与多重生态因子间的交互作用，增强或非线性增强了城市森林地表温度。这说明，在高度空间异质性的城市森林生态系统中，人类活动产生的间接作用增加了城市森林地表温度，而且这种两个因子间的交互作用对城市森林地表温度的影响，相比于单个生态因子的直接作用具有更大的影响力，甚至可能超过两个因子直接作用的效应总和；随着城市生态过程的推进，交互作用将持续增强。过去城市地表温度的机制研究主要运用经典的多元统计分析定量化人类活动影响下的影响因素 [主要包括景观组成（如植被覆盖率、不透水百分比、水域比例）、空间配置（如形状指数、Shannon 多样性指数）]与地表温度的关系，但是忽略了其他生态因子（如土壤、地形）的综合作用；而且统计分析通常不考虑位置信息，只关注非空间特征和属性。地理探测器模型涉及地理空间数据时以空间协方差为基础，与一般的数据统计分析方法不同，它强调人类活动、多重生态因子与城市森林地表温度的地理时空变化。此外，关于地理探测器模型的其他优点，研究方法部分给予了详细阐述。我们应用地理探测器模型找出了热点和冷点区域影响城市森林地表温度的主导生态因子，并定量化人类活动与生态因子间的交互作用，整合遥感影像和地面观测多源数据的综合研究，全面深入地揭示了城市森林降温效应的影响机制。

3.4.4 建议与展望

根据研究结果提出以下 3 点建议。

1）区域尺度城市环境机制问题的解决，需要结合多源数据和空间统计分析各自的优势，阐明人类活动、地表温度与多重生态因子相互作用机制，而不是仅仅局限于城市森林空间结构的定性描述；需要整合宏观空间格局与微观城市斑块属性信息，建立统一时空尺度多源数据库信息平台。

2）注重城市森林地表温度显著区域的影响机制研究。明确显著区域发生变化的程度、数量和位置，揭示显著区域随城市化进程发生相应变化的特征。

3）依据空间统计分析的结果，调整热点区域的树种组成结构，提高阔叶林的比重。

进一步的研究需要同时考虑城市森林地表温度的显著区域的时间异质性和空间异质性，在不同时空尺度、不同城市、不同季节、不同分辨率遥感影像数据中开展城市森林地表温度的时空异质性定量化研究。此外，本研究考虑到的有限生态因子还不能完全表达地表温度的驱动机制；部分生态因子（如树种组成、海拔）是影响城市森林地表温度的主导因子，但这些因子在世界不同区域环境和不同城市化时期中的直接作用和交互作用程度可能不一定显著，因为不同国家由于经济发展程度和文化传统的差异，城市化进程各不相同。

3.5　结　　论

大范围的收集精细尺度人文、生态、地理等环境生态数据，运用合理的空间统计分析方法,不仅可以帮助确定城市生态系统显著区域的位置,而且可以探明生态环境效应的驱动机制,已成为环境生态学的研究重点。我们认为揭示人类活动融合多重生态因子与地表温度的交互作用机制,应当在城市生态系统显著区域,考虑城市化生态过程,结合多源观测数据和多学科方法的优点,开展空间统计分析的定量化研究。

我们采用融合遥感、森林资源调查和空间统计分析的新方法,集成多重生态因子统一尺度的空间数据集,跨越空间异质性强烈的城市森林区域。结果表明,在快速城市化的生态过程中,城市森林地表温度在热点和冷点区域空间聚集程度呈现出增强的趋势,热点区域主要分布在城市中心和近郊,冷点区域主要分布在近郊和远郊区域;优势树种和海拔因子相对于人类活动是影响城市热岛效应的主导因子;人类活动与融合多重生态因子的交互作用增强和非线性增强了城市森林地表温度。虽然我们的地面调查数据和遥感影像数据仅来源于厦门市,但是我们的研究方法和结果可以在严谨假设测试后,为世界其他城市的城市化发展模式提供借鉴和参考。

参 考 文 献

陈辉, 古琳, 黎燕琼, 等. 2009. 成都市城市森林格局与热岛效应的关系. 生态学报, 29: 4865.

陈明玲, 靳思佳, 阚丽艳, 等. 2013. 上海城市典型林荫道夏季温湿效应. 上海交通大学学报(农业科学版), 31: 81-85.

陈朱, 陈方敏, 朱飞鸽. 2011. 面积与植物群落结构对城市公园气温的影响. 生态学杂志, 30: 2590-2596.

丁悦, 蔡建明, 任周鹏, 等. 2014. 基于地理探测器的国家级经济技术开发区经济增长率空间分异及影响因素. 地理科学进展, 33: 657-666.

冯晓刚, 石辉. 2012. 基于遥感的夏季西安城市公园"冷效应"研究. 生态学报, 23: 7355-7363.

郭振, 胡聃, 李元征, 等. 2014. 北京城区道路系统路网空间特征及其与 LST 和 NDVI 的相关性. 生态学报, 34: 201-209.

江学顶, 夏北成, 郭泺, 等. 2007. 广州城市热岛空间分布及时域-频域多尺度变化特征. 应用生态学报, 1: 133-139.

孔繁花, 尹海伟, 刘金勇, 等. 2013. 城市绿地降温效应研究进展与展望. 自然资源学报, 28: 171-181.

李英汉, 王俊坚, 陈雪, 等. 2011. 深圳市居住区绿地植物冠层格局对微气候的影响. 应用生态学报, 22: 343-349.

潘林林, 陈家宜. 1997. 绿洲夜间"冷岛效应"的模拟研究. 大气科学, 1: 40-49.

师庆三, 肖继东, 熊黑钢, 等. 2006. 绿洲冷岛效应的遥感研究——以奇台绿洲为例. 新疆大学学报(自然科学版), 3: 334-337.

苏从先, 胡隐樵. 1987. 绿洲和湖泊的冷岛效应. 科学通报, 10: 756-758.

杨轲, 谢玲. 2010. 公园冷岛效应的研究现状. 科学咨询(决策管理), 5: 85.

余兆武, 郭青海, 孙然好. 2014. 基于景观尺度的城市冷岛效应研究综述. 应用生态学报, 26: 636-642.

张强, 胡隐樵, 赵鸣. 1998. 绿洲与荒漠相互影响下大气边界层特征的模拟. 南京气象学院学报, 1: 104-113.

朱春阳, 李树华, 纪鹏, 等. 2011. 城市带状绿地宽度与温湿效益的关系. 生态学报, 31: 383-394.

Ahmad S S, Aziz N, Butt A, et al. 2015. Spatio-temporal surveillance of water based infectious disease (malaria)in Rawalpindi, Pakistan using geostatistical modeling techniques. Environmental Monitoring And Assessment, 187: 1-15.

Barrell J, Grant J. 2013. Detecting hot and cold spots in a seagrass landscape using local indicators of spatial association. Landscape Ecology, 28: 2005-2018.

Cheng X, Wei B, Chen G, et al. 2015. Influence of park size and its surrounding urban landscape patterns on the park cooling effect. Journal of Urban Planning and Development, 141: A4014002.

Declet-Barreto J, Brazel A J, Martin C A, et al. 2013. Creating the park cool island in an inner-city neighborhood: heat mitigation strategy for Phoenix, AZ. Urban Ecosystems, 16: 617-635.

Deng C B, Wu C S. 2013. Examining the impacts of urban biophysical compositions on surface urban heat island: A spectral unmixing and thermal mixing approach. Remote Sensing of Environment, 131: 262-274.

Emmanuel R, Fernand H J S. 2007. Urban heat islands in humid and arid climates: role of urban form and thermal properties in Colombo, Sri Lanka and Phoenix, USA. Climate Research, 34: 241-251.

Fernandez F J, Alvarez-Vazquez L J, Garcia-Chan N, et al. 2015. Optimal location of green zones in metropolitan areas to control the urban heat island. Journal of Computational and Applied Mathematics, 289: 412-425.

Günlü A, Kadıoğullan A I, Keleş S, et al. 2009. Spatiotemporal changes of landscape pattern in response to deforestation in Northeastern Turkey: a case study in Rize. Environmental Monitoring & Assessment, 148: 127-137.

Heffernan J B, Soranno P A, Angilletta M J, et al. 2014. Macrosystems ecology: understanding ecological patterns and processes at continental scales. Frontiers in Ecology and the Environment, 12: 5-14.

Hu Y, Wang J F, Li X H, et al. 2011. Geographical detector-based risk assessment of the under-five mortality in the 2008 Wenchuan earthquake, China. PLoS One, 6: 2592-2599.

Ivajnšič D, Kaligarič M, Žiberna I. 2014. Geographically weighted regression of the urban heat island of a small city. Applied Geography, 53: 341-353.

Jonsson P. 2004. Vegetation as an urban climate control in the subtropical city of Gaborone,

Botswana. International Journal of Climatology, 24: 1307-1322.

Kennedy R E, Andréfouët S, Cohen W B, et al. 2014. Bringing an ecological view of change to landsat-based remote sensing. Frontiers in Ecology and the Environment, 12: 339-346.

Levy O, Ball BA, Bond-Lamberty B, et al. 2014. Approaches to advance scientific understanding of macrosystems ecology. Frontiers in Ecology and the Environment, 12: 15-23.

Li X W, Xie Y F, Wang J F, et al. 2013. Influence of planting patterns on fluoroquinolone residues in the soil of an intensive vegetable cultivation area in northern China. Science of the Total Environment, 458: 63-69.

Lin WQ, Yu T, Chang XQ, et al. 2015. Calculating cooling extents of green parks using remote sensing: method and test. Landscape and Urban Planning, 134: 66-75.

Luo W, Jasiewicz J, Stepinski T, et al. 2016. Spatial association between dissection density and environmental factors over the entire conterminous United States. Geophysical Research Letters, 43: 692-700.

Mahboubi P, Parkes M, Stephen C, et al. 2015. Using expert informed GIS to locate important marine social-ecological hotspots. Journal of Environmental Management, 160: 342-352.

Myint S W, Wentz E A, Brazel A J, et al. 2013. The impact of distinct anthropogenic and vegetation features on urban warming. Landscape Ecology, 28: 959-978.

Norton B A, Coutts A M, Livesley S J, et al. 2015. Planning for cooler cities: a framework to prioritise green infrastructure to mitigate high temperatures in urban landscapes. Landscape and Urban Planning, 134: 127-138.

Pincetl S, Gillespie T, Pataki D E, et al. 2013. Urban tree planting programs, function or fashion? Los Angeles and urban tree planting campaigns. Geo Journal, 78: 475-493.

Schroeder T A, Healey S P, Moisen G G, et al. 2014. Improving estimates of forest disturbance by combining observations from Landsat time series with US Forest Service Forest Inventory and Analysis data. Remote Sensing of Environment, 154: 61-73.

Shashua-Bar L, Pearlmutter D, Erell E. 2009. The cooling efficiency of urban landscape strategies in a hot dry climate. Landscape and Urban Planning, 92: 179-186.

Smith K R, Roebber P J. 2011. Green roof mitigation potential for a proxy future climate scenario in Chicago, Illinois. Journal of Applied Meteorology and Climatology, 50: 507-522.

Sobrino J A, Jimenez-Munoz J C, Paolini L. 2004. Land surface temperature retrieval from LANDSAT TM 5. Remote Sensing of Environment, 90: 434-440.

Srivanit M, Hokao K. 2013. Evaluating the cooling effects of greening for improving the outdoor thermal environment at an institutional campus in the summer. Building and Environment, 66: 158-172.

Stephens P R, Kimberley M O, Beets P N, et al. 2012. Airborne scanning LiDAR in a double sampling forest carbon inventory. Remote Sensing of Environment, 117: 348-357.

Tooke T R, Coops N C, Goodwin N R, et al. 2009. Extracting urban vegetation characteristics using spectral mixture analysis and decision tree classifications. Remote Sensing of Environment, 113: 398-407.

Wang J F, Hu Y. 2012. Environmental health risk detection with GeogDetector. Environmental

Modelling & Software, 33: 114-115.

Wang J F, Li X H, Christakos G, et al. 2010. Geographical detectors-based health risk assessment and its application in the neural tube defects study of the Heshun Region, China. International Journal of Geographical Information Science, 24: 107-127.

Williams C A, Collatz G J, Masek J, et al. 2014. Impacts of disturbance history on forest carbon stocks and fluxes: merging satellite disturbance mapping with forest inventory data in a carbon cycle model framework. Remote Sensing of Environment, 151: 57-71.

Wong N H, Jusuf S K. 2008. GIS-based greenery evaluation on campus master plan. Landscape and Urban Planning, 84: 166-182.

Zhang Y S, Odeh I O A, Han C F. 2009. Bi-temporal characterization of land surface temperature in relation to impervious surface area, NDVI and NDBI, using a sub-pixel image analysis. International Journal of Applied Earth Observation and Geoinformation, 11: 256-264.

Zhao M, Kong Z H, Escobedo F J, et al. 2010. Impacts of urban forests on offsetting carbon emissions from industrial energy use in Hangzhou, China. Journal of Environmental Management, 91: 807-813.

Zheng S, Myint S W, Fan C. 2014. Spatial configuration of anthropogenic land cover impacts on urban warming. Landscape and Urban Planning, 130: 104-111.

Zhou W Q, Qian Y G, Li X M, et al. 2014. Relationships between land cover and the surface urban heat island: seasonal variability and effects of spatial and thematic resolution of land cover data on predicting land surface temperatures. Landscape Ecology, 29: 153-167.

第4章 城市森林景观连通性研究

4.1 概　　述

城市森林作为城市生态系统重要的组成部分，是城市生态系统健康和城市可持续发展的基础和保障。但是由于频繁受到采伐、造林、道路建设等人为干扰，其正面临着前所未有的压力、相对不稳定和脆弱。城市森林景观组成单元的类型、数目、空间分布与变化主要是由人类活动引起的。目前，针对城市化进程中所产生的一系列复杂生态环境问题，传统的生态学研究方法已经难以解释生态环境的演变规律，无法满足可持续发展的需要，城市森林景观格局与过程作为一个动态的过程，需要进行长期的定位观测研究，这对于完整地评估城市森林生态系统，在一定程度上阐明环境变化、生态进程和森林结构变化的主要影响因子具有重要意义。

农村人口向城市的大规模聚集改变了城市生态系统的景观格局、功能与过程，进而影响了城市生态环境质量。城市化发展水平的空间分异形成了由城市中心区、近郊（城乡过渡带地区）和远郊组成的三元地域结构，并构成显著的城市化梯度。自 20 世纪 80 年代以来，中国城市化进程明显加快，城市化率由 1978 年的 17.4%增加到 2017 年的 58.5%，预计 2030 年中国城市化率将达到 80.0%。发达国家过去 100 年中分阶段出现的环境问题，在中国快速经济增长的 40 年中集中体现了出来。

城市森林生态系统占据着从城市核心区到远郊森林的广大范围，城市森林景观连接度对于城市生态系统多重服务功能的提升（如种子迁移和扩散、动物迁移、基因流动、干扰渗透和土壤的侵蚀等）具有重要影响，直接关系到城市生态系统的完整性、可持续性和稳定性。维持景观连接度对于构建可持续的城市森林景观规划和管理是至关重要的。

城市森林景观规划的目的是提高森林景观中各元素之间的连通性，但是更为关键的是增强景观元素的连接度，不仅仅是外在结构，而是格局与生态过程的统一。城市森林景观格局分布与缀块形成机制有关，环境缀块（如气候、地形、地貌）为景观格局提供了模板，在此基础上城市森林缀块与人类活动水平缀块相互作用从而产生现在的城市森林景观格局。其中，人类活动水平缀块不仅是城市森林景观的一种重要生态过程，还是景观异质性的重要来源。它可以改变资源环境的质量及其所占据空间位置与规模，从而改变景观格局。因此，城市森林景观格局的发展应该与城市森林所服务的城市人口相协调，但遗憾的是，人类活动与城市森林景观连接度的相互作用关系我们了解及评估得还较少，直接影响了城市发展规模与城市森林对应关系的准确评估。定量分析两者的关系是目前城市森林景观生态规划研究的方向。

人类活动与城市森林景观连接度相互作用过程中的各类生态因子的多样性、复杂性和不确定性渗透于城市生态系统演化的整个发展过程中，不同强弱关系的生态因子耦合在一起，不仅决定了城市森林结构，而且决定了生物群落间的生态特性和功能，同时也影响着城市森林景观格局与过程，部分生态因子更是影响城市森林景观连接度的主导因子。归纳起来，各类生态因子主要包括生物因子（面积、树种、林龄、种植密度）和非生物因子（气候、地形、土壤条件）。只有将这些因子整合于空间分析和模型中建立更加综合完善的景观连接度指数，才能在研究中取得客观真实的分析结果并应用于景观生态规划。

过去景观连接度的研究主要是在不同空间尺度（斑块、区域和国家等）的自然生态系统（沿海区域、礁石群、森林等）中围绕连接度在多重景观功能中所起的作用，采用不同的景观模型、不同的景观指数、不同的软件包很多关于景观连接度与不同种群生态过程相互作用机制的研究。当今的研究强调在更大的尺度范围内运用模型结合图论的联网分析探索不同种群的功能响应和景观模式关系。但是城市生态系统这方面的研究较少。虽然在人类活动与城市物种多样性关系，景观连接度与城市物种多样性关系这两方面已分别有较多报道，但是采用集成技术，量化不同城市化梯度区域人类活动与城市森林景观连接度及各类生态因子相互作用关系的研究尚未见报道。城市森林生态系统的非线性与复杂性，决定了不可能用单一的方法与模型精确模拟，需要整合各种方法的优势阐明人类活动对城市森林多重生态服务功能的影响。

4.2 城市森林景观破碎化分析

本研究以中国城市化进程中具有典型特征的代表城市——厦门市为研究对

象，在区域尺度下，采用斑块形状指数（SI）和香农多样性指数，通过城市生态系统中疏林和密林的斑块特征来评估不同时空尺度下城市森林的景观破碎化程度，为预测未来的城市生态环境质量提供理论依据，同时有利于森林经营政策制定和城市景观规划管理。

4.2.1　研究方法

根据 1988 年、1996 年和 2006 年 3 期厦门市森林资源调查数据，绘制了城市森林覆被图。分别计算森林覆被损失、形状指数及香农多样性指数，评估城市化进程中森林景观的破碎化程度。其中，森林按照森林资源调查的分类标准划分为疏林（郁闭度 10%～40%）和密林（郁闭度>40%）2 类。

为了比较景观破碎化过程中不同面积林斑的景观指数，进一步将疏林和密林斑块按面积大小划分为 4 类：< 5 hm²、5～10 hm²、10～15 hm²、> 15 hm²。根据斑块形状与相同面积的圆之间的偏离程度来测量形状复杂程度。形状指数 $SI = \dfrac{E}{2\sqrt{\pi A}}$，其中 E 和 A 分别代表每个斑块的周长和面积。SI 值越大则形状越复杂。同时引入香农多样性指数来评价森林斑块的随机性或线性，数值越大，表明不同景观类型分布越均匀，异质性越强。

$$SHDI = -\sum_{i=1}^{m} P_i \ln P_i \qquad (4\text{-}1)$$

式中，P_i 为每一斑块类型所占景观总面积的比例；m 为林分类型数量。使用形状指数和香农多样性指数来评价斑块的稳定性，并描述林斑破碎导致生态系统退化或损失的情况。

通过斑块间隙分析（patch gap analysis）来反映单一景观要素的格局特征。斑块间隙分析是研究同一类景观要素斑块的分离程度，是空间格局的重要特征，主要采用最近距离指数（nearest neighbor index）来描述。

$$I = Do / DE \qquad (4\text{-}2)$$

式中，I 为最近距离指数，当 $I=1.0$ 时，斑块为随机分布，$I<1.0$ 时，斑块趋于群集，若 $I=0$，则斑块没有间隙，$I>1.0$ 时，斑块则趋于规则分布；Do 为斑块与其最近相邻斑块间距离观测值的平均；DE 是在随机分布下的期望值（理论估计值），它们可以用下式计算：

$$Do = \sum_{i=1}^{N} Do(i) / N \qquad (4\text{-}3)$$

式中，Do（i）为第 i 个斑块与其最近相邻斑块间的距离，注意这里距离应从斑块中心测起，N 为斑块数。

4.2.2 案例结果分析

中心区平均形状指数不断增加，1988～2006 年，由 8.93 增长到 10.04 和 11.39。近郊区呈现先增长后下降的趋势，由 17.96 增长到 27.67，随后下降到 15.64。远郊区变化趋势先由 28.69 增长到 58.56，随后略微下降到 56.66。说明城市森林景观呈现逐年破碎化趋势，1988～1996 年破碎化增加程度较 1996～2006 年严重。多样性指数反映景观异质性，多样性指数与形状指数变化趋势较为相似。中心区呈现不断上升趋势，由 1988 年的 0.95 上升到 2006 年的 1.49。近郊区则先由 1988 年的 0.81 增大到 1996 年的 1.28 后，再下降到 2006 年的 1.06。远郊区则由 1988 年的 1.14 上升到 1996 年的 1.43，随后略微调整到 2006 年的 1.44.总体而言，中心区破碎化程度不断加剧，近郊区和远郊区的破碎化却并未随着城市化而快速发展和急剧变化。

厦门城市森林地理分布不均匀，主要分布在城市远郊区域。疏林和密林大型林斑（>15 hm²）趋于规则分布（I >1.0），而小型林斑（<5 hm²）则趋于群集分布（I<1.0）。疏林的中小型林斑（5～10 hm²）趋于群集分布（I<1.0），而中大型林斑（10～15 hm²）则趋于规则分布（I >1.0）；密林的中型林斑（5～15 hm²）主要表现为群集分布（I<1.0）。说明随着城市化程度的升高，林斑密度和林地景观空间破碎度逐渐增大。

1988 年，疏林主要分布于城市近郊和远郊，表现出显著的聚集分布特征；密林在城市中心和近郊区域也表现为聚集分布，但是在远郊区域表现出显著的随机分布特征。1996 年，疏林和密林在城市近郊和远郊均表现出显著的随机分布特征，密林在城市中心区域表现为聚集分布。2006 年，疏林在城市近郊和远郊表现出森林破碎程度增大、空间异质性增大的趋势，在城市中心区域呈零星分布；密林在城市中心近郊和远郊区域均表现为均匀连续分布状态。

4.2.3 讨论

本章运用 GIS 结合森林资源调查数据，采用 SI 和香农多样性 2 个景观指数对城市森林斑块的景观布局和构成进行分析研究，在阐明长期土地利用/覆被变化的景观生态效应重要性的同时，为城市森林经营类型的划分、规划与布局提供科学依据。研究区内的斑块数量较大，随着斑块数量和香农多样性指数的增加，破碎化程度不断加深，而生境面积减少。因此我们认为利用景观多样性指数来表征森林破碎化程度是有说服力的。此外，与传统的样地尺度调查方法相比，本研究强调了区域尺度景观指数研究的重要性，研究对象是快速城市化背景下森林破碎和退化严重的城市区域。

针对厦门城市森林景观破碎化的时空变化特征，我们提出 2 点景观生态建设对策：①构筑林网化，发挥绿地廊道功能。城市景观中绿色廊道主要是河滨绿化带、道路绿化带和防护林带。这些绿色廊道连接绿地斑块形成绿色网络，起着调节和改善城市环境作用，也是斑块间能量、物质和物种流动的重要通道，有利于物种的空间运动和斑块间物种的生存与延续，对保护城市物种多样性具有重要作用。②合理配置植物种类，优化城市景观结构。合理配置植物种类，是形成稳定群落的关键，也是形成长期景观和发挥持续生态效益的前提。虽然森林资源清查数据仅来源于厦门市，但是我们的研究结果可以对中国其他城市森林景观建设的发展模式和精确程度提供科学理论依据。

4.3　人类活动与城市森林景观连接度的交互作用

4.3.1　研究方法

本研究使用的厦门城市森林相关数据来自于 1996 年和 2006 年 2 期的厦门市森林资源规划设计调查的小班清单属性数据，包括 2 期的森林资源分布图、研究区历年的森林经营档案、研究区森林调查小班档案（小班面积、树种组成、龄组、海拔、坡度、坡向、坡位、立地质量等级）、研究区 1∶10 000 地形图。人口密度数据由 ArcGIS 软件中的核密度插值方法获得，其来源于 1996 年和 2006 年 2 期的厦门市人口普查数据。海拔数据是从网页（http://gdem.ersdac.jspacesystems.or.jp）上下载的。1996 年和 2006 年的年均温度和年均降雨数据来自于厦门市的气象站点数据，并由 ANUSPLIN 软件（4.37）通过条带插值法得到。

根据研究区城市森林情况和前人的研究，我们选择了郁闭度大于 30%且斑块面积大于 6hm^2 的森林斑块作为连接度分析的对象。主要森林类型包括马尾松

（*Pinus massoniana* Lamb）、湿地松（*P. elliottii* Engelm.）、杉木（*Cunninghamia lanceolata*）、木麻黄（*Casuarina equisetifolia*）、台湾相思（*Acacia confusa*）和桉树（*Eucalyptus robusta*）。本研究使用 1km 作为它们种子的最大传播距离。

用 Conefor 2.6 软件（http://www.conefor.org）作为决策支持工具。这个程序通过对关键区域的识别和优化来分析生态连接度，并被广泛应用在其他网络连接度分析中。IIC 指数作为表征连接度的指数，是因为它能够在数值范围 0 到 1 内定量斑块间和斑块内的连接度，数值越大表示连接度越大。计算 IIC 指数所需数据获取较为简单，而且它对连接要素的出现较敏感，其计算公式如下：

$$IIC = \frac{\sum_{i=1}^{n} \sum_{j=1}^{n} \frac{a_j \cdot a_j}{1 + nl_{ij}}}{A_L^2} \qquad (4-4)$$

式中，a_i 为森林斑块 i 的面积；a_j 为森林斑块 j 的面积；nl_{ij} 是在分析阈值范围内斑块 i 和 j 之间的最短连接路径上的连接数；n 是斑块数量；A_L 是分析景观总面积（包括森林和非森林地区）。

节点重要值表达公式为

$$dIIC = 100 \times \frac{I - I_{remove}}{I} \qquad (4-5)$$

式中，I 为当所有节点都存在时的 IIC 值；I_{remove} 为当任何一个节点消失后的 IIC 值。

在本研究中，dI 值代表斑块在整个厦门城市森林网络汇总所占重要值的比例。除了 IIC 指数，度数和中心中介数（betweenness centrality）也被用来识别关键斑块。网络中一个节点的度数是由该节点在网络中的连接数来确定的，中心中介数则表示的是该节点在网络中的中心性。有些节点中心中介数较高，可能度数值较低，但不妨碍其成为联通不同组分和功能的"桥"。中心中介数等于通过该节点的所有的最短路径的数量，其计算公式如下：

$$BC_k = \sum_i \sum_j \frac{g_{ij}(k)}{g_{ij}} \qquad (4-6)$$

节点 k 的中心中介数（BC_k）被定义为所有最在不同斑块（i，$j \neq k$）之间短路径 [$g_{ij}(k)$] 的和除以每对斑块之间的最短路径（g_{ij}）数量。除了复杂的连接度指数，本研究还使用其他简单的指数来描述景观连接度，如总连接数、组分数量和路径数量。

我们使用地理探测器模型来探测影响斑块分布的各种因素。基于空间方差分析来探索各因素的影响力和它们之间的交互作用，地理探测器模型已经成功地应用于探索神经管疾病，小于 5 岁的儿童死亡率，土壤抗生素残留的关键影响因子和它们之间的交互作用等方面。软件（http://www. geodetector.org/）是基于空间变量一致性的思路，包括因子探测器、生态探测器、交互作用探测器。因子探测器可以用于探索不同因子对研究目标的影响；生态探测器则用于探测因子在离散化过程中是否满足不同类型差异显著的标准；交互作用则用于探索不同影响因子对分析目标的综合影响力。我们使用该模型来分析不同影响因子对于城市森林斑块的 dIIC 值的影响力大小。首先，将所有影响因子用等距离分类法进行离散化，然后将带有 dIIC 和其他所有因子属性数据的城市森林分布图层导入 ArcGIS，并将其提取至同一个图层，最后所有的因子数据被输入地理探测器模型中。

4.3.2　案例结果分析

（1）最佳阈值距离的选取分析

在不同阈值距离下（50 m、100 m、200 m、400 m、600 m、800 m、1000 m、1200、2000、3000 m、4000 m、5000 m 和 10 000 m），分别计算最大组分中的斑块数量和组分数量来决定分析连接度的最佳阈值距离。1996 年，在较小的阈值距离下，组分数量快速下降，最大组分斑块数则随着距离的增加而快速上升（图 4-1）。特别是在距离为 50～600 m，组分数从 224 下降到 43，最大组分斑块数从 15 上升到 226。除此之外，在这个变化区间里，最大组分面积从 2 009 hm² 增加到 27 442 hm²，占所有斑块总面积的比例从 6.4% 增加到 87.0%。2006 年和 1996 年在该变化区间里有相似的变化趋势。景观组分数从 160 下降到 35，但最大组分斑块数从 29 上升到 156，最大组分面积也从 6146 hm²（16.4%）上升到 30 639 hm²（81.5%）。在大于 600 m 区间范围内，两个年份都表现出较小的变化趋势，这表明景观类型相对一致，景观早已互相连接在一起。

在不同阈值距离下，不同大小的斑块对整个景观的连接性贡献度使用节点重要值表示。最佳阈值距离要能体现不仅仅是面积大的节点重要值大，而且中小型节点也有其重要性。在 50 m 阈值距离下，可以很清楚地看到小节点的重要性较小，随着阈值距离逐渐增大到 600 m，小节点的重要性逐渐增大，在 600 m 后其重要性又随之下降（图 4-2）。大的节点在景观连接性中扮演重要角色，小节点的重要

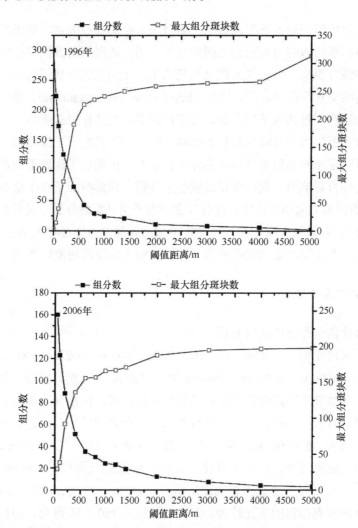

图 4-1 组分数和最大组分斑块数在不同阈值距离下的变化图

性较难判断，因为本研究是使用斑块面积来计算 IIC 值的。在决定最佳分析阈值距离时应更多地考虑中小型节点的重要值，因此，选择 600 m 作为最佳阈值距离。

（2）城市森林连接性的时空分布

我们定义 ALC 为最大组分的面积，F^* 作为 ALC 占森林斑块总面积的比例。最大组分面积在 1996 年和 2006 年均为 25 909.5 hm^2，分别占总植被面积的 82.2% 和 69.0%。2006 年新出现的斑块占目标斑块的 31.0%，而 1996 年有将近 17.8% 的目标斑块在 2006 年消失。

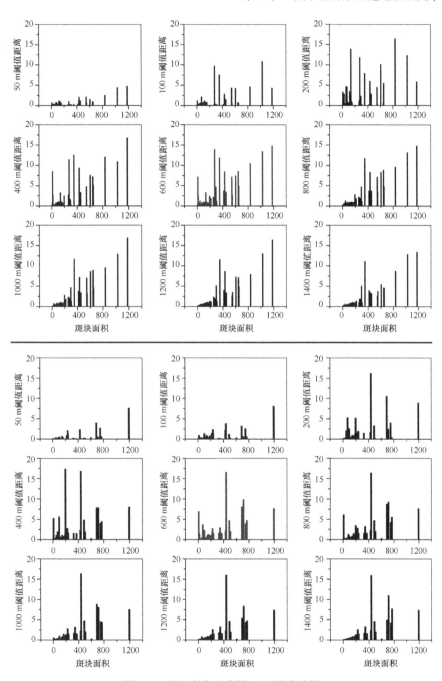

图 4-2 不同大小斑块的 dIIC 值变化图

上半部分为 1996 年变化图,下半部分为 2006 年变化图,灰色表明最佳分析阈值距离

1996 年，厦门城市森林共有 314 个大于 6 hm² 的斑块，面积为 31 534.7 hm²，斑块平均面积为 100.4 hm²，排名前十的大斑块占据了 52.5% 的森林总面积。2006 年，斑块数量下降到 236 个，但面积增加到 37 576.6 hm²，平均斑块面积也增加到 159.2 hm²，前十大斑块占据了 64.7% 的森林总面积。

1996 和 2006 年，IIC 值均随着阈值距离的增加而增加（图 4-3）。在最佳阈值距离 600 m 时，2006 年城市中心区域的森林 IIC 值较 1996 年有轻微下降（F^*_{1996}=87.0% 和 F^*_{2006}=81.5%），城市近郊和远郊的森林 IIC 值则上升了。然而，整个城市景观的连接度增加了 66.0%。

城市森林重要值分布从 1996 年到 2006 年有了较大变化，整体景观更加相连。2006 年的城市中心区森林斑块和 1996 年位置变化不大，然而 1996 年近郊区森林斑块较松散连在一起，但到了 2006 年中间斑块与两头斑块脱离连接，形成了两级相连的格局，这一变化导致了连接度的下降。但是，新出现的斑块又将一些分离的斑块连接起来，提高了连接度。远郊区的森林连接度在这 10 年间有了较大提高，这是由于大面积生态斑块的出现将原来独立的小斑块连接在一起了。总之，厦门城市森林连接度从 1996 年到 2006 年有了较大提高。

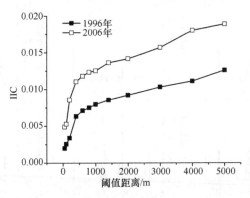

图 4-3　IIC 值在不同阈值距离下的变化趋势

（3）连接度影响因子

在城市中心和近郊区的 dIIC 值下降趋势与远郊区的上升趋势正好相反（图 4-4）。厦门市城市森林网络的平均节点重要性从 1996 年的 10.96 增加到 2006 年的 15.8。中心区和近郊区的斑块重要性随时间变化而下降，但远郊区随着时间变化 dIIC 值则有一个上升趋势。

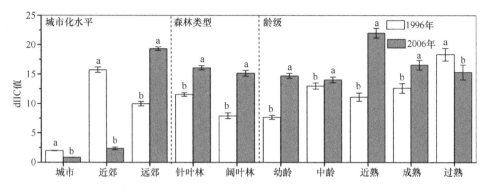

图 4-4　在不同城市化阶段、森林类型、年龄分组下 dIIC 值变化图

针叶树包括 *Cryptomeria fortune*、*Cunninghamia lanceolata*、*Fokienia hodginsii*、*Pinus elliottii*、*P. massoniana*、*P. taeda* 和 *P. thunbergia*；阔叶树包括 *Acacia* spp.、*Castanopsis* spp.、*Casuarina equisetifolia*、*Eucalyptus* spp. 和 *Schima superba* 相同的英文字母表示不同年份同一属性 dIIC 值差异统计不显著，不同字母则代表其差异统计显著（*P*<0.05）。

　　厦门人口密度由 1996 年的（565.0±12.6）（平均值±标准误）人/hm² 增长到 2006 年的（755.5±11.9）人/hm²（*t* 检验，*P*<0.01）（表 4-1）。两个年份，人口密度均呈现中心区最高，远郊区最低趋势。在城市中心区人口密度增长显著（*P*<0.05），由 1996 年的（2085.6±37.8）人/hm² 增长到 2006 年的（2789.0±48.5）人/hm²；近郊区则由 1996 年的（503.6±13.7）人/hm² 增长到 2006 年的（673.4±20.4）人/hm²；远郊区则由 1996 年的（394.9±8.1）人/hm² 增长到 2006 年的（528.1±6.2）人/hm²。

　　10 年间，厦门城市森林面积减少了 10.3%，从 83 928 hm² 下降到 75 251 hm²；同时，密度从 2106 株/hm² 下降到 1932 株/hm²；平均胸径从 6.16 cm 增加到 11.2 cm；平均树高从 5.97 m 上升到 7.62 m。然而，从统计学上看林龄并未出现显著增加（*P*>0.05）。除此之外，地形因素（坡度、坡位和坡向）在这 10 年间也未发生显著变化。

　　在被选择的 12 个影响因子中，影响节点重要性的因子从大到小依次为年均温、年均降水量、海拔、斑块面积、人口密度和优势树种（图 4-5）。年均温、年均降水量和海拔比人口密度对 1996 年城市森林的连接度影响更大，但到了 2006 年只有年均温的影响力超过人口密度。在不同城市化发展梯度下，影响连接度的因子有较大变化（表 4-1）。斑块面积（1996 年影响力为 0.81，2006 年影响力为 0.69）和人口密度（1996 年影响力为 0.28，2006 年影响力为 0.18）控制了城市中心区的森林斑块重要值。2006 年，只有海拔因子的影响力大于人口密度因子。在近郊区，除了斑块面积和人口密度因子，生物因子（优势树种和年龄）和地形因子（坡度和坡向）也有一定的影响力，1996 年只有坡向的影响力大于人口密度。再来看远郊区，人口密度的影响力消失了。斑块重要值被非生物因子（年均降水、海拔和年均温）主导，生物因子（斑块面积和优势树种）的影响力很小。对于 1996 年的城市森林斑块 dIIC 空间格局来说，年均温、年均降水、海拔和优势树种比人口密度的控制力大，但到了 2006 年没有一个因子比人口密度因子的影响力更大了。此外，还探测到人口密度因子和其余所有因子之间存在着线性和非线性增强的交互作用（人口密度∩生态因子）>（人口密度+生态因子）或（人口密度∩生态因子）>（人口密度或生态因子）。

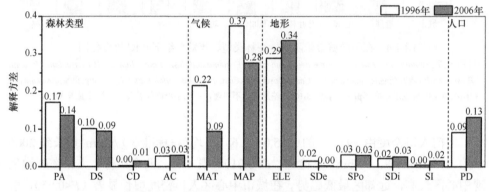

图 4-5　不同影响因子对斑块连接度的影响度

PA. 斑块面积；DS. 优势树种；CD. 郁闭度；AC. 龄组；MAT. 年均温；MAP. 年均降水；ELE. 海拔；SDe. 坡度；SPo. 坡位；SDi. 坡向；SI. 立地质量等级；PD. 人口密度

表 4-1　不同影响因子对 dIIC 在不同城市化阶段区域的影响度（1996 年和 2006 年）

影响因子	中心城区		近郊区		远郊区	
	1996 年	2006 年	1996 年	2006 年	1996 年	2006 年
斑块面积	0.813	0.694	0.860	0.923	0.193	0.140
优势树种	0.039	0.073	0.265	0.346	0.092	0.082
郁闭度	0.001	0.008	0.021	0.146	0.005	0.015
龄组	0.044	0.159	0.157	0.328	0.045	0.041
年均温	0.001	0.694	0.005	0.844	0.192	0.095
年均降水	0.001	0.052	0.005	0.056	0.363	0.251
海拔	0.001	0.005	0.005	0.017	0.264	0.310
坡度	0.031	0.078	0.197	0.372	0.016	0.003
坡位	0.029	0.014	0.068	0.141	0.036	0.032
坡向	0.064	0.103	0.365	0.363	0.026	0.033
立地质量等级	0.015	0.017	0.018	0.018	0.006	0.020
人口密度	0.280	0.175	0.237	0.269	0.056	0.102

4.3.3　讨论

（1）重要性

城市森林景观连接度综合指数。近几年来越来越繁杂，基于单纯数理统计或拓扑计算公式所生成的各类景观连接度指数不断涌现，但经演算后却不能完全揭示真实景观的结构组成及其空间形态和功能特征。如何发展指数来评估城市生态系统的连接度？尽管 IIC 能够定量化描述生态连接度，识别具有重要生态连接度的区域和组分，且仅需要较少的林班数据样本量，匹配多源数据得到的各类生态因子信息，被公认为评估空间变化的功能性景观连接度的最佳指数，但由于未能综合考虑人类活动及各类生态因子的交互作用，仍不能涵盖城市森林景观连接度最有价值的特征与功能，因而很少应用于景观变化监测。本研究将各类生态因子整合于图论分析和 GeogDetector 模型中探索人口密度对 IIC 指数的影响，为建立更加综合完善的景观连接度指数提供理论依据。

城市森林景观格局与过程需联合地面观测与调查数据。过去的研究往往依靠遥感影像解译开展，没有对每个独立的林班进行识别，部分学者甚至认为遥感影像是唯一能解释景观格局和过程关系的图片资料。遥感影像输出的缺陷在于只刻画森林面积的变化，而没有反映出结构与功能的改变，损失了某些林班的重要信息。此外，分辨率和制图分类的误差都会影响制图和景观模式的准确性，并通过景观指数形式表现出来。因此，过去在运用景观连接度指数描述景观格局时不得不考虑指数对样地实测数据的敏感程度，指数随空间分辨率的变化情况等问题。本研究综合了多种翔实的地面观测和调查数据（人口普查数据、森林资源清查数据、气象站点数据），在时空尺度一致的基础上，运用空间插值技术分别生成 IIC 指数、人口密度和各类生态因子的时空分布图，为城市森林景观格局演变的社会驱动力研究和优化多重生态服务功能的城市森林规划研究提供有益探索。

未来应发展定量化的测量工具，融合景观连接度指数应用于城市森林景观生态规划。过去很多景观连接度模型［如关联函数模型（incidence function model）、景观中性模型（neutral model）、相遇概率模型（capture-recapture model）］都是基于特定假设条件下的模拟，这些假设对于阐明城市区域人口密度和城市森林景观连接度的相互作用关系都需要直接观察和验证。本研究提供了一种可以探测主导因素和交互作用的 GeogDetector 模型，该模型可以在没有任何关于解释和响应变量的假设及限制条件的前提下，提取隐含在人口密度、生态因子与景观连接度间的相互作用关系信息，可以应用于定量化数值和标定数据。根据人类活动与生态多因子复杂交互作用关系影响的城市森林景观连接度，可以结合生态网络设计分析，广泛应用于森林景观组成和配置对于物种传播的影响机制研究。

本研究提供了一个具有时间连续性的、有效地选择林班开展林地保护利用规划和造林项目的工作方案。20 世纪 90 年代以来，世界范围内的植树造林活动使热带和亚热带森林面积不断增加（$2.8\ \text{Mhm}^2/\text{a}$）。但是过去的研究仅评估了大面积的林地连接度，没有考虑将生态因子应用于保护和景观规划中。目前的造林项目很少考虑到林地生态因子的空间相关性，以及城市森林多重生态功能在景观规划方面的作用。本研究不仅专注于城市森林面积变化的过程，而且关注提高造林过程中森林的景观连接度，并从森林联网分析的角度构建新造林地的多重生态服务功能。我们提出的方法可以应用于全球其他造林区域，在林业规划管理者对野生动物资源进行规划和景观设计方面具有实际应用价值，可以为在各种情况下应用于改善城市森林景观连接度的造林项目提供一个有用的诊断和指引。

（2）城市森林景观连接度分析阈值距离

本研究结果表明，组分数量和最大组分斑块数量在大于 600 m 阈值距离时其变化趋势较小。依据图论理论，许多研究者针对资源、能源和有机体开展了相关的阈值距离选取研究。由于不同物种在不同距离下的扩散能力不同，早期的研究并没有描述连接度的总体分布格局。近期，最为常用的方法则是通过画图比较不同距离阈值下的景观格局情况，并分析研究对象有机体的聚集模式来判断最佳阈值距离。在前期的研究基础上，本研究的 13 个阈值距离涵盖了城市森林区域内主要物种的扩散距离和迁移范围。例如，本研究所选择的阈值距离大于 Andersson 和 Bodin（2009）发表的关于瑞典城市景观中的山雀仅为 50 m 的连接阈值距离。但又小于 Brooks（2006）证明的一种分层聚集的真菌病原体传播距离为 1000 m。本研究结果与 O'Brien 等（2006）发现的加拿大中部的北美驯鹿分布尺度范围（500～1900 单位）相似。景观连接度阈值距离选择的差异主要与物种的扩散距离、景观连通性的可执行性、不同层次的研究目及景观内部和外部因素有关。因此，深入理解阈值距离对于探明景观连接度在景观要素间和要素内的优先权具有重要意义。

（3）城市森林景观连接度重要值的时空异质性

1996 年和 2006 年，城市森林连接度重要值随着城市梯度变化而变化的趋势说明，人类活动对城市森林景观连接度在不同的城市化梯度区域和不同的城市化阶段具有正面和负面双重影响。一方面,土地利用/覆被变化(LUCC)作用下的建设用地扩张,导致了森林景观连接度的降低和森林面积的不断减少;另一方面,随着农业活动集约经营程度的不断提高,造林项目引起部分耕地转变为林地,带来了森林景观连接度的升高和森林面积的不断增加。在人类活动和自然环境多个生态过程的作用下,城市森林景观连接度重要值的时空异质性也表现出变化的特征。

城市森林斑块在近郊和远郊均有显著变化。在远郊区,新出现的生态斑块连接了大量的细小孤立斑块导致连接度的适度提升。大量的研究证实,城市中垫脚石斑块(stepping stone)对于传播能力较强的物种个体来说作用不明显,但对于大部分传播能力适中的物种来说,它可以通过连接整个景观中相隔距离较远的大型斑块形成一个功能整体,促进城市森林斑块在整个景观中的动态联系,对生态连接度的维护具有相对重要的作用。目前的结果说明人类已经关注那些在城市远郊区域重要值高的森林斑块,并通过构建"垫脚石"斑块来增强森林斑块之间的连通性,但"垫脚石"斑块是否真正高效率地维持物种间的连通性还需要针对具体物种的传播能力开展进一步研究。

(4)人类活动与城市森林景观连接度的作用关系

快速城市化进程中,年均温、年均降水、海拔、斑块面积、人口密度和优势树种对城市森林网络中的节点重要性有显著作用。虽然已经有很多关于生态因子对景观连接度影响的研究工作,但大多研究着眼于具体的某个生态因子,据我们所了解的文献,同时考虑多个生态因子和人类活动对景观连接度综合影响并探明主导因子的研究尚未见报道。虽然我们的研究结果已在过去其他研究者的文献中分别进行了报道。例如,Saura 等(2011)认为森林面积是景观连接度的重要影响因子,斑块中的能量和物质总量与面积成正比,大面积片状林班更能发挥多重生态功能,而森林面积的减少和森林景观破碎化程度增加的斑块将会导致更大程度景观连接度的降低。Martín-Queller 和 Saura(2013)发现降雨对物种丰富度的影响是主要的,其首先通过与复杂的环境因子交互作用,然后通过相关的栖息地散失、破碎化和景观多样性模式作用于树种丰富度。但是我们的研究将各类生态因子在时空相同的尺度下整合到同一个 GIS 平台,更全面地对比了各类生态因子对景观连接度的直接作用。

1996 年和 2006 年,厦门城市森林的 dIIc 空间格局的主要影响因子是年均温,而不是人口密度。这可能与两方面的因素有关:一方面,人类活动引起斑块边缘的非生物环境（如光照、温度和湿度）和生物环境的剧烈变化，促进了林木生长；另一方面，人类活动对城市森林的影响与其所处的地理位置有明显的相关性，交通方便、地势平坦及城市用地周围的森林景观连接度受人类的影响较为严重；但是海拔较高的森林景观由于交通的可达性差，人类活动的影响较小。由于城市森林大部分分布于城市远郊区域，因此年均温相比于人口密度对城市森林景观连接度的影响更为显著。

人口密度与各类生态因子间的交互作用增强和非线性增强了城市森林景观连接度。这意味着在人为-自然复合的城市生态系统中，人类活动通过错综复杂的生态因子共同促进了城市森林景观连接度，这种交互作用比任何一个生态因子对城市森林景观连接度的影响更为重要；随着城市化进程的推进，城市森林景观连接度将会呈现出增加的趋势。过去的研究主要采用多元统计分析结合图论模型的方法集中探讨人类活动与动植物物种多样性，景观连接度与动植物物种多样性这两方面的相互关系，而关于人类活动与城市森林景观连接度的研究很少。事实上，景观尺度下的人类活动与物种多样性之间存在间接作用关系，人类活动通过修建道路、增加廊道和成立保护区等方式深刻改变着城市森林景观连接度，影响着动植物物种多样性，尽管不同物种对于森林景观连接度增加的响应存在差异，但我们的研究阐明了城市森林景观连接度增加的驱动机制，为可持续生态景观规划提供了依据。

（5）建议和未来研究

基于本研究结果，我们提出以下建议：首先，发展软件工具结合计算机模型，推广景观连接度的新理论和新方法并应用于城市森林景观规划的实践管理中。其次，结合景观格局和人口密度开展动态联网观测研究；应当重点关注人口密度和景观连接度提高城市森林景观多样性的可能性，根据城乡梯度水平综合考虑每个生态因子的直接和间接效应。最后，依据城市森林景观连接度的变化趋势和驱动机制在不同的城市化梯度区域制定保护政策；城市中心应当重点防止森林面积的减少，近郊应当综合考虑多种生态因子对景观连接度的影响，远郊区域应当在景观连通性重要值较大的斑块间构建"垫脚石"斑块。

由于每个景观连接度指数的生态学意义和研究的侧重点不同，进一步的研究需要在联网观测的研究中对比多个景观连接度指数与人口密度的交互作用关系，依据不同林班的重要值，运用图论方法形成一个城市森林景观连接度综合指数。此外，不同国家由于经济发展程度和文化传统的差异，人类活动与城市森林景观连接度的交互作用各不相同，因此城市森林景观连接度综合指数的构建不可能简单地照搬其他国家城市的发展模式，需要开展多个时空尺度下的联网研究。

4.3.4　结论

本研究整合地面调查数据（包括森林资源规划与设计调查数据、人口普查数据、气象站点数据）到同一个 GIS 平台，建立了多种生态因子时空间分布的对应关系，找出了城市森林景观连接度的关键阈值距离，揭示了景观连接度的演变规律和变化区域。在没有任何假设和响应变量限制的情况下，针对城市扩张复杂环境，提供了一种定量划分生态因子、人口密度和景观连接度相互作用关系的方法，将人口密度对景观连接度的影响从复杂的影响因素中分离出来，通过定量化数值，构建城市景观生态学研究的新方法。

本研究使用 600 m 作为最佳阈值分析距离，并发现年均温、年均降水、海拔、斑块面积、人口密度和优势树种对城市森林网络中的节点重要性有显著作用。对厦门市城市森林而言，1996 年和 2006 年的年均温均比人口密度更能解释 dIIC 指数的空间分布格局。人口密度与各类生态因子间的交互作用增强和非线性增强了城市森林景观连接度。虽然地面调查数据仅来源于厦门市，但我们的研究方法和分析步骤也可以应用于世界其他人类活动作用下的城市化发展地区。

参 考 文 献

福建省统计局. 1997. 福建统计年鉴 1997. 北京: 中国统计出版社: 371-417.

李明诗, 刘图强, 潘洁. 2010. 森林破碎化的社会经济驱动力分析——以美国阿拉巴马州为例. 东北林业大学学报, 38: 57-59.

李秀珍, 布仁仓, 常禹, 等. 2004. 景观格局指标对不同景观格局的反应. 生态学报, 24: 122-134.

刘江, 崔胜辉, 邱全毅, 等. 2010. 滨海半城市化地区景观格局演变——以厦门市集美区为例. 应用生态学报, 21: 856-862.

厦门市统计局. 2006. 厦门经济特区年鉴 2006. 北京: 中国统计出版社: 285-373.

尹锴, 赵千钧, 崔胜辉, 等. 2009. 城市森林景观格局与过程研究进展. 生态学报, 29: 389-398.

张会儒, 何鹏, 郎璞玫. 2010. 基于森林资源二类调查数据的延庆县森林景观格局分析. 西部林业科学, 39: 1-7.

张涛, 李惠敏, 韦东, 等. 2002. 城市化过程中余杭市森林景观空间格局的研究. 复旦学报(自然科学版), 41: 83-88.

赵福强, 代力民, 于大炮, 等. 2010. 长白山露水河林业局森林景观格局动态. 应用生态学报, 21:

1180-1184.

周云凯, 白秀玲. 2011. 近 17 年鄱阳湖区景观格局动态变化研究. 生态环境学报, 20: 1653-1658.

Ahern J. 2013. Urban landscape sustainability and resilience: the promise and challenges of integrating ecology with urban planning and design. Landscape Ecology, 28: 1203-1212.

Andersson E, Bodin O. 2009. Practical tool for landscape planning? An empirical investigation network based models of habitat fragmentation. Ecography, 32: 123-132.

Brooks C P. 2006. Quantifying population substructure: extending the graph-theoretic approach. Ecology, 87: 864-872.

Decout S, Manel S, Miaud C, et al. 2012. Integrative approach for landscape-based graph connectivity analysis: a case study with the common frog *Rana temporaria* in human-dominated landscapes. Landscape Ecology, 27: 267-279.

Devi B S S, Murthy M S R, Debnath B, et al. 2013. Forest patch connectivity diagnostics and prioritization using graph theory. Ecological Modelling, 251: 279-287.

Freudenberger L, Hobson P R, Rupic S, et al. 2013. Spatial road disturbance index SPROADI for conservation planning: a novel landscape index, demonstrated for the State of Brandenburg, Germany. Landscape Ecology, 28: 1353-1369.

Giulio M D, Holderegger R, Tobias S. 2009. Effects of habitat and landscape fragmentation on humans and biodiversity in densely populated landscapes. Journal of Environmental Management, 90: 2959-2968.

Li X W, Xie Y F, Wang J F, et al. 2013. Influence of planting pattern on fluoroquinolone residues in the soil of an intensive vegetable cultivation area in northern China. Science of the Total Environment, 458-460: 63-69.

Liu S L, Dong Y H, Deng L, et al. 2014. Forest fragmentation and landscape connectivity change associated with road network extension and city expansion: a case study in the Lancing River Valley. Ecological Indicator, 36: 160-168.

Martín-Martin C, Bunce R G H, Saura S, et al. 2013. Changes and interactions between forest landscape connectivity and burnt area in Spain. Ecological Indicator, 33: 129-138.

Martín-Queller E, Saura S. 2013. Landscape species pools and connectivity patterns influence tree species richness in both managed and unmanaged stands. Forest Ecology and Management, 289: 123-132.

Moilanen A. 2011. On the limitations of graph-theoretic connectivity in spatial ecology and conservation. Journal of Applied Ecology, 48: 1543-1547.

O'Brien D, Manseau M, Fall A, et al. 2006. Testing the importance of spatial configuration of winter habitat for woodland caribou: an application of graph theory. Biological Conservation, 130: 70-83.

Ren Y, Yan J, Wei X H, et al. 2012. Effects of rapid urban sprawl on urban forest carbon stocks: integrating remotely sensed, GIS and forest inventory data. Journal of Environmental Management, 113: 447-455.

Royle J A, Chandler R B, Gazenski K D, et al. 2013. Spatial capture-recapture models for jointly estimating population density and landscape connectivity. Ecology, 94: 287-294.

Saura S, Estreguil C, Mouton C, et al. 2011. Network analysis to assess landscape connectivity trends: application to European forests 1990-2000. Ecological Indicator, 11: 407-416.

Soga M, Kaike S. 2013. Large forest patches promote breeding success of a terrestrial mammal in urban landscapes. PLoS One, 8: 1-3.

Wang J F, Hu Y. 2012. Environmental health risk detection with GeogDetector. Environmental Modelling & Software, 33: 114-115.

Weng Y C. 2007. Spatiotemporal changes of landscape pattern in response to urbanization. Landscape and Urban Planning, 81: 34-353.

Yang D W, Kao W T M, Zhang G Q, et al. 2014. Evaluating spatiotemporal differences and sustainability of Xiamen urban metabolism using emergy synthesis. Ecology Modelling, 272: 40-48.

第5章 城市森林生态系统服务价值变化研究

5.1 概　　述

城市森林作为城市生态环境重要的组成部分，相比于自然森林生态系统，具有面积小、生存空间独立、频繁受到人为干扰污染等特点。城市森林结构的动态变化可以改变生态过程，进而影响环境质量。客观、科学地评价城市森林生态系统服务过程，将环境纳入国民经济核算体系，对于提高城市居民的环境意识和正确处理社会经济发展与生态环境保护的关系具有重要现实意义。

城市森林的生态服务价值估算研究已经成为城市森林研究的重要内容。近年来，国内外学者已在多角度、多尺度和多方法上开展大量研究，但多集中于总价值量的计算，较缺乏人均价值量以及与经济发展水平相结合进行的动态对比分析。城市居民是城市的主体，是城市森林生态系统服务的切身受益者，人均受益价值量能够体现每一位城市中的居民所能够享受的城市森林环境福利。因此，将人均受益价值量以及与经济发展水平相结合进行动态对比分析，能够揭示城市森林重大潜在价值和人口快速增长情况下城市居民人均环境福利的变化状况，为城市森林管理者提供决策依据。基于厦门市 1978 年、1988 年、1996 年和 2008 年 4 期森林资源清查资料，计算厦门市城市森林的主要生态系统服务功能的潜在经济价值，并结合国民经济总量和人口等统计数据进行对比分析，阐明厦门市城市森林生态服务价值及人均价值量的变化情况及其变化的原因，从一个较新的角度为厦门市城市森林可持续发展政策的制定与生态环境的保护提供科学依据。

5.2 研　究　方　法

5.2.1 数据来源

本研究使用的厦门市城市森林相关数据来自 1972 年、1988 年、1996 年 和 2008 年共 4 期的厦门市森林资源清查资料。GDP 和人口的相关数据则来自对应年份及相关年份的《厦门经济特区年鉴》。其中，GDP 均为可比价格，以 1990 年为基准年。由于在生态系统服务价值计算中，主要以 1990 年不变价格计算，因此本研究中的 GDP 可比价格选取 1990 年为基准年。计算时使用的 1972 年、1988 年和 1996 年的人口数为全市总人口，2008 年为全市常住人口。

5.2.2　城市森林生态服务价值计算方法

本研究主要关注城市森林生态系统服务功能的间接经济价值，即未能通过经济活动体现的那部分价值。因此，木材经济价值、游憩价值等不列入计算，主要计算固碳、制氧、吸收 SO_2、滞尘、涵养水源等共 9 种生态系统服务价值。

1）**固碳、制氧**：分别采用造林成本法和工业制氧法计算厦门市城市森林的固碳和制氧价值（幼苗的固碳制氧量忽略不计）。依据文献记载，我们认为树干重量约占全树重量的 64.11%，木材的干密度约为 0.45 t/m^3，植物每生产 1 g 干物质需要 1.63 g CO_2 并释放 1.2 g O_2。根据厦门市森林资源清查资料，统计得出干蓄积量。因此，固碳价值 E_1 = PC×D/0.6411×0.45×1.63；制氧价值 E_2 = PO×D/0.6411×0.45×1.2。式中，PC 为单位质量碳的造林成本，269 元/t（1990 年不变价）；PO 为工业生产氧气的价格，400 元/t；D 为干蓄积量（m^3）。

2）**吸收 SO_2、滞尘**：根据《中国生物多样性国情研究报告》，阔叶林对 SO_2 的吸收能力为 88.65 kg/hm^2，针叶林的吸收能力为 215.60 kg/hm^2，阔叶林和针叶林的滞尘能力分别为 10.11 t/hm^2 和 33.20 t/hm^2。在我国削减 SO_2 的平均治理费用为 600 元/t，削减粉尘的单位成本为 170 元/t。因此，吸收 SO_2 价值 E_3 = 600×[88.65A_1 + 215.6A_2]/1 000；滞尘价值 E_4 = 170 × [88.65A_1 + 215.6A_2]/1000。式中，A_1 和 A_2 分别代表阔叶林和针叶林的面积（hm^2）。

3）**涵养水源**：涵养水源价值 E_5 = θ×R×A×C×10；式中，θ 为截留系数，据相关研究，茂密植被的截留系数为 5%～30%，本研究取截留系数 25%；R 为年平均降雨量（mm），取厦门 24 年降雨量的平均值 1378.7 mm；A 为城市森林面积（hm^2）；C 为单位蓄水费用，采用影子工程价格替代，全国水库建设投资测算的每建设 1 m^3 库容需投入成本费 0.67 元（1990 年不变价）。

4）**水土保持**：水土保持的价值主要体现在两方面：固持土壤和保持土壤肥力。①固持土壤：城市森林固土价值 E_6a = M×A/H×V；式中，M 为土壤侵蚀模数，本研究用无林地土壤中等程度（即忽视森林土壤侵蚀量）的侵蚀模数来计算城市森林减少土壤侵蚀的总量，M 取值为 200 m^3/（hm^2·a）；A 为城市森林面积（hm^2）；

H 为土壤表层平均厚度（m），本研究中 H 取中国耕作土壤表土的平均厚度 0.5 m；V 为林业年平均收益（282.17 元/hm²，1990 年不变价）。②保持土壤肥力：森林土壤肥力的流失主要表现为 N、P、K 等营养元素的流失。

5）减少泥沙淤积：$E_7 = \gamma \times M \times A \times C$；式中，$\gamma$ 为泥沙淤积百分比，根据我国主要流域的泥沙运动规律，全国土壤侵蚀流失的泥沙有 24% 淤积于水库、江河、湖泊；M 为土壤侵蚀模数[200 m³/（hm²·a）]；A 为城市森林面积（hm²）；C 为单位蓄水费用，采用影子工程价格替代，按每建设 1 m³ 库容需投入成本费 0.67 元（1990 年不变价）计算。

6）降噪：降低噪声的价值（E_8）采用总价值分离法进行估算。$E_8 = a \times M \times D \times (1/x-1)$。式中，$a$ 为森林灭菌价值占森林总生态功能价值的比例系数，本研究中取 15%；M 为木材价格，参考价格为 550 元/m³（1990 年不变价）；D 为护路林林木蓄积量（m³）；x 为森林直接实物性使用价值占森林有形和无形总价值的比例系数，取 10% 计算。本研究计算的降噪价值主要为减少交通噪声的价值。

7）防风固沙：防护林的主要功能是在风沙区及海岸沿线降低风速、防止风蚀、固定沙地。本研究计算防风固沙这一部分效益。防风固沙林保护土地资源的效益按市场价 2192.2 元/hm² 计算。因此，防风固沙价值 $E_9 = 2192.2A_9$，其中，A_9 为防护林面积（hm²）。

5.3　案例结果分析

5.3.1　厦门市城市森林生态系统服务价值动态变化

1988 年厦门市城市森林面积仅 34 305 hm²，2008 年面积最大，为 149 901 hm²。经济林的面积比重在近 20 年间一直较大，占 15% 以上。林分蓄积量处于稳定增长状态，2008 年比 1972 年增加了约 226 万 m³，近 22 倍（表 5-1）。

表 5-1　厦门市城市森林面积和蓄积量变化情况

年份	森林面积/hm²					总蓄积量/m³
	针叶林	阔叶林	针阔混交林	其他	总面积	
1972	40 307	5 597	5 333	12 223	63 460	108 839
1988	28 249	6 673	2 287	3 125	34 305	400 639
1996	35 566	10 267	4 769	24 067	74 669	1 774 972
2008	30 383	8 638	3 733	85 885	149 901	2 372 017

从 4 期城市森林各生态系统服务功能价值量变化情况来看，它们大部分经历了一个先下降后上升的过程，1988 年最低（表 5-2）。这主要是因为 1988 年厦门市的城市森林资源遭到了严重破坏，许多原本有植被覆盖的区域变成荒山、荒地，森林面积仅为 34 305 hm^2，还不足 1972 年的 55%（表 5-1）。尹锴等（2009）通过对厦门岛的遥感影像解译也发现，1987~1992 年是森林景观破坏最为严重的时期。随着之后国家退耕还林、天然林保护工程等一系列政策措施的出台，城市森林面积增长迅速，1996 年和 2008 年分别达到 74 669 hm^2 和 149 901 hm^2。但是，固碳和制氧功能的价值量一直处于增长状态。这主要是因为林龄是城市森林生态服务价值变化的主导因子之一，单位面积的中龄林和成熟林的固碳制氧量要远远大于幼龄林。多为幼龄林（70%以上）林龄组，到 1988 年时已生长为中龄林和成熟林，幼龄林面积比重下降（表 5-3）。因此尽管 1972~1988 年森林面积减少，但是总蓄积量仍在增加。1988 年后，森林绿地面积不断扩大，林龄组成与面积的共同作用使得蓄积量大幅度增加，固碳制氧价值量持续上升。

表 5-2　厦门市城市森林生态系统服务价值变化情况

年份	价值/万元									
	固碳	制氧	吸收 SO$_2$	滞尘	涵养水源	水土保持	减少泥沙淤积	降噪	防风固沙	总计
1972	3 667	3 350	600	25 706	14 655	15 109	204	0	1 138	64 429
1988	12 330	13 498	422	17 946	7 922	8 168	110	430	563	61 390
1996	54 628	59 803	674	26 994	17 243	17 778	240	283	6 216	183 620
2008	73 004	79 918	473	20 029	34 617	35 690	482	311	5 745	250 269

表 5-3　厦门市不同发育阶段城市森林的面积及其比例

森林发育阶段	面积/hm^2（比例/%）			
	1972 年	1988 年	1996 年	2008 年
成熟林	—	315（0.92）	3 792（5.07）	5 295（3.53）
过熟林	1.47（0.002）	86（0.25）	2 289（3.06）	2 923（1.95）
近熟林	—	205（0.60）	4 108（5.50）	5 944（3.97）
幼龄林	46 888（73.89）	15 707（45.79）	15 617（20.91）	11 655（7.78）
中龄林	3 055（4.81）	5 511（16.06）	16 146（21.62）	16 423（10.96）

厦门市城市森林生态系统服务总价值也大致历经了略有下降后大幅上升的过程。4 期的总价值量分别为 64 429 万元、61 389 万元、183 860 万元和 253 875 万

元。从综合生态服务总价值组成来看，滞尘、涵养水源、水土保持及固碳、制氧等生态系统服务价值占有较大比重。其中，固碳和制氧价值从 1988 年这一期起有明显的增加，到 2008 年固碳和制氧价值已占总价值的 30% 以上。此外，滞尘价值量占总价值量的 9%～40%；涵养水源价值占总价值量 9%～22%；水土保持占10%～23%。尽管城市森林面积下降，但主要受到蓄积量增长的影响，1988 年总价值量并未比 1972 年下降太多。

5.3.2　生态服务价值与 GDP 动态变化

通过对比厦门市 1972 年、1988 年、1996 年 和 2008 年的 GDP 与城市森林生态服务价值发现，厦门市城市森林生态服务价值的增长速度明显缓于 GDP 的增长速度。GDP 在 1972～2008 年增加了 174 倍；而城市森林生态服务价值增加了2.9 倍（表 5-4，表 5-2）。

表 5-4　厦门市城市森林生态系统服务价值和 GDP

年份	人口/万人	生态系统服务价值/万元	人均生态系统服务价值/元	GDP/万元	人均 GDP/元
1972	77.78	64 429.01	828.35	63 402	793
1988	107.68	61 389.73	570.11	411 028	3 869
1996	128.20	183 620.47	1432.3	1 993 019	16 203
2008	249.00	250 269.42	1005.1	11 098 073	36 802

由于城市森林生态系统服务价值的增长速度缓于 GDP 的增长速度，城市森林生态系统服务价值与 GDP 的比值逐渐下降。1972 年时比值为 1.016，当年城市森林的潜在经济价值大于 GDP。1988 年和 1996 年该值下降至 14.9% 和 9.2%，2008年低至 2.3%。尽管比值处于下降状态，GDP 的 2.3% 仍是一个较大的量，城市森林的潜在经济价值不可忽略。

厦门市人均 GDP 在 1972～2008 年稳步上升，增加了 3.6 万元，约增长 46 倍。与稳步增长的人均 GDP 相比，人均受益城市森林生态服务价值的变化状况有起有伏。1972 年，厦门市人均受益城市森林生态服务价值约为 828 元，1988 年降至约570 元。之后，该价值量有较大幅度的增长，1996 年达 1434 元左右，但到 2008年下降为 1019 元，从 1972 年到 2008 年，仅增加了 23.1%，约 191 元。

厦门市城市森林中经济林面积比重较大，而经济林多为树种单一（如茶、龙

眼、柚子等）的人工林，结构简单、生物多样性差，经济林的扩增也对城市森林
生态系统服务总价值的增长产生滞后效应。

5.3.3　讨论

　　1972～2008 年厦门市城市森林生态系统服务总价值量略微下降后持续增长。
其中，1988 年的总价值量是 4 期中的最低值，约为 6.1 亿元。随着国家退耕还林、
天然林保护工程等一系列政策措施的推进，2008 年城市森林生态系统服务价值达
到 4 期中最高值，约为 25 亿元。固碳、制氧、滞尘、涵养水源和水土保持等生态
系统服务功能的价值在总价值量中占较大比重。与 GDP 相比，厦门市城市森林生
态系统服务价值的增长明显缓于 GDP 增长，其价值量与 GDP 的比值逐渐下降。
厦门市人均受益城市森林生态系统服务价值经历了先下降后上升再下降的过程。

　　1972～2008 年厦门市城市森林生态系统服务价值总量和人均价值的变化情
况说明不能仅靠增加面积和人均面积来提高生态系统服务价值和人均受益价值
量。1972～1988 年蓄积量的增加使得占总价值较大比重的固碳、制氧价值上升，
弥补了部分其他功能价值下降造成的损失。1996～2008 年人均城市森林面积增长
而人均受益价值量下降也说明了城市森林的建设不能只注重面积的增加。物种丰
富、结构稳定的森林有更多的单位面积蓄积量，能够固定更多的二氧化碳、制造
更多的氧气，能够截留更多的地表径流等，所产生的生态效益要远大于结构单一
的绿地。此外，保护和发展城市森林物种多样性，能够维护城市绿地系统的长期
健康和持续活力，保护系统生产力，提高系统抗干扰能力，对维持城市生态系统
平衡起着关键作用。随着城市化水平的不断提高，城市人口不断增加，用地越来
越紧张，有限的城市用地将很难允许大量增加城市森林面积。因此，尽可能地优
化城市森林结构，并维持满足人口需求的城市森林面积迫在眉睫。目前厦门市城
市森林主要存在经济林比重较大、单位面积蓄积量低、树种单一等问题。这些都
会影响到城市森林生态系统服务价值及城市森林的用地效率。因此，若能合理、
高效地利用已有绿地面积，厦门市的城市森林生态系统服务价值还有较大的进步
空间。就目前而言，选择适应性且生态功能强的树种，通过构建合理的复层结构
来增加单位面积的三维绿量，利用一切可能的小块土地通过廊道而结成城市森林
网络，以及在城市周围发展较大面积的近郊森林和自然保护区，增加市区绿化与
城郊绿化的互补性都是实现城市绿化整体功能优化提高的有效途径。

参 考 文 献

欧阳志云, 郑华, 谢高地, 等. 2016. 生态资产、生态补偿及生态文明科技贡献核算理论与技术. 生态学报, 36: 7136-7139.

欧阳志云, 朱春全, 杨广斌, 等. 2013. 生态系统生产总值核算: 概念、核算方法与案例研究. 生态学报, 33: 6747-6761.

王兵, 鲁绍伟, 尤文忠, 等. 2010. 辽宁省森林生态系统服务价值评估. 应用生态学报, 21: 1792-1798.

徐伟平, 康文星, 何介南. 2016. 洞庭湖区生态系统服务功能价值分析. 草业学报, 25: 217-229.

殷莎, 赵永华, 韩磊, 等. 2016. 秦岭森林生态系统服务价值的时空演变. 应用生态学报, 27: 3777-3786.

尹锴, 赵千钧, 崔胜辉, 等. 2009. 城市森林景观格局与过程研究进展. 生态学报, 29: 389-398.

余新晓, 吴岚, 饶良懿, 等. 2008. 水土保持生态服务功能价值估算. 中国水土保持科学, 6(1): 83-86.

张铁平. 2009. 新余市城市森林建设初步效益定量评估. 林业调查规划, 34: 117-121.

赵海凤. 2014. 四川省森林生态系统服务价值计量与分析. 北京: 北京林业大学博士学位论文.

周晨, 丁晓辉, 李国平, 等. 2015. 南水北调中线工程水源区生态补偿标准研究——以生态系统服务价值为视角. 资源科学, 37: 792-804.